华晟经世"一课双师"校企融合系列教材

物联网导论

陈享成　袁辉勇

林少晶　姜善永

主编

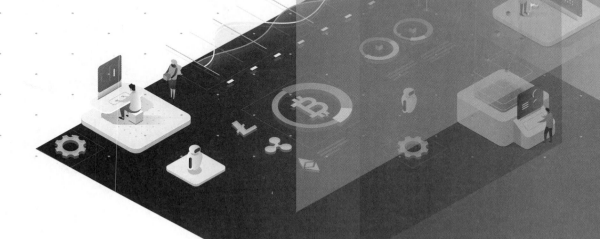

人民邮电出版社

北 京

图书在版编目（ＣＩＰ）数据

物联网导论 / 陈享成等主编. -- 北京：人民邮电
出版社，2019.7
华晟经世"一课双师"校企融合系列教材
ISBN 978-7-115-50852-2

Ⅰ. ①物… Ⅱ. ①陈… Ⅲ. ①互联网络－应用－高等
学校－教材②智能技术－应用－高等学校－教材 Ⅳ.
①TP393.4②TP18

中国版本图书馆CIP数据核字(2019)第031278号

内 容 提 要

本书全面介绍物联网系统的构成体系及相关技术。本书力求在物联网系统的基本原理、应用等方面提供必要的信息，突出实际应用。全书共 8 章，分为基础篇和拓展篇。基础篇包括第 1～6 章，内容包括物联网系统概述、非接触式识别技术、传感器技术、计算机网络技术、云计算技术等；拓展篇包括第 7 章和第 8 章，内容包括物联网技术在智能家居、智能交通、智能农业等方面的具体应用，智能硬件平台的介绍，物联网热点技术分析，物联网系统安全策略和当前物联网行业的热门岗位的介绍。

本书可以作为应用型本科、高职高专电子信息类相关专业及工程技术人员的学习用书。

◆ 主　编　陈享成　袁辉勇　林少晶　姜善永
　　责任编辑　王建军
　　责任印制　彭志环
◆ 人民邮电出版社出版发行　　北京市丰台区成寿寺路 11 号
　　邮编　100164　电子邮件　315@ptpress.com.cn
　　网址　http://www.ptpress.com.cn
　　涿州市京南印刷厂印刷
◆ 开本：787×1092　1/16
　　印张：10.25　　　　　　　　　　2019 年 7 月第 1 版
　　字数：250 千字　　　　　　　　2019 年 7 月河北第 1 次印刷

定价：48.00 元
读者服务热线：(010)81055493　印装质量热线：(010)81055316
反盗版热线：(010)81055315

前言

　　本书是华晟经世教育面向 21 世纪应用型本科、高职高专学生及工程技术人员所开发的系列教材之一。本书以华晟经世教育服务型专业建设理念为指引，同时贯彻 MIMPS 教学法*、工程师自主教学的要求，遵循"准、新、特、实、认"五字开发标准。其中，"准"即理念、依据、技术细节都要准确；"新"即形式和内容都要有所创新，表现、框架和体例都要新颖、生动、有趣，具有良好的读者体验，让人耳目一新；"特"即要做出应用型的特色和企业的特色，体现出校企合作在面向行业、企业需求人才培养方面的特色；"实"即实用，切实可用，既注重实践教学，又注重理论知识学习；"认"即做一本教师、学生、业界都认可的教材。我们力求使抽象的理论具体化、形象化，减少学生学习的枯燥感，激发学习的兴趣。

　　本书在编写过程中，主要形成了以下特色。

　　1. "一课双师"校企联合开发教材。本书是由华晟经世教育工程师、讲师以及高校教师协同开发，融合企业工程师丰富的行业一线工作经验、高校教师深厚的理论功底与丰富的教学经验，共同打造紧跟行业技术发展、精准对接岗位需求、理论与实践深度融合及符合教育发展规律的校企融合教材。

　　2. 本书以知识普及为主线，将物联网系统的构成及各个构成单元的相关知识作为教材开发的主线，以物联网系统的分层和各个分层涉及的技术知识作为对物联网系统详细分析的主要切入点，对物联网系统做了系统和完整的阐述。

　　3. 本书从物联网系统的感知层、传输层、平台层及应用层几个方面介绍了物联网系统的课程和相应的知识点，主要内容包括物联网系统的构成、物联网概述、RFID 识别技术、传感器技术、嵌入式系统原理、无线通信技术、计算机网络、无线传感器网、信息安全、数据库与数据挖掘、操作系统、电子硬件设计与软件开发、人工智能及应用、物联网开发与应用、物联网应用新技术等，同时对物联网行业相关岗位做了介绍。

---

*：以职业化为导向的高职课堂教学模式，该模式以职业化需求为设计思路，其核心思想是：以模块化（Modularization）的内容构架，分层—交织 I（Interlacement）的内容组织形式为基础，在教学过程中以任务为驱动力（Mission-driven），以研究型实训（（practical-research）为核心，辅以自我评价的助推力（（self-evaluation），以提升学生的技能水平和培养学生的职业素养为目的，简称 MIIMPS 教学法。

　　本书由陈享成、袁辉勇、林少晶、姜善永主编；赵凯雷、李腾、李雁星、王磊负责编写和修订工作。本书从开发总体设计到每个细节，团队精诚协作，细心打磨，以专业的精神力求呈现最专业的知识内容。在本书的编写过程中，编者得到了华晟经世教育领导、高校领导的关心和支持，更得到了广大教育同仁的无私帮助及家人的温馨支持，在此向他们表示诚挚的谢意。由于编者水平和学识有限，书中难免存在不妥和疏漏之处，敬请广大读者批评指正。

编　者

2019 年 4 月

目录

基 础 篇

拓 展 篇

基 础 篇

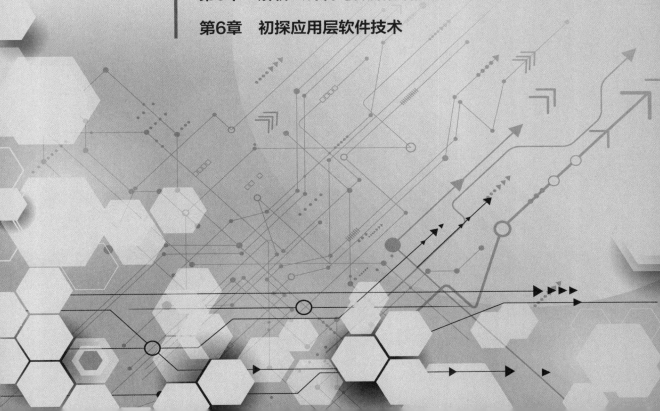

第 1 章　物联网系统概述

课程引入

随着互联网的快速发展,智能终端设备越来越普及,物联网技术无处不在,早就已经"走进"了我们的日常生活。例如, 目前城市流行的共享单车就是应用了物联网技术。物联网与卫星定位技术的结合不仅可以准确地定位单车的位置,还可以大幅缩短单车的开锁时间。在我们的生活中, 物联网已经处处可见,与物联网相关的就业岗位也越来越多, 小明作为一名刚毕业的大学生很想了解物联网行业的相关信息,以便为自己未来的工作打下一个良好的基础,下面我们就和小明一起进入物联网的世界。

学习目标

1. 识记:物联网的概念。
2. 领会:物联网的分层结构。
3. 应用:物联网发展的应用和发展趋势。

▶▶1.1　初识物联网

在网络词汇中, 我们经常会看到"物联网"这个词,它随时充斥着你的眼睛。例如,我们也经常看到很多人使用共享单车上班;收费站已不需要人工收费,电子不停车收费(Electronic Toll Collection, ETC)系统可自动扣除过往车辆的费用;淘宝和京东都在大力发展云计算, 建设云存储大型智能平台。可以说, 无形中物联网系统已经渗透到生活中的方方面面,我们不知不觉中都在享受物联网应用带来的便利。

但是, 物联网从本质上讲到底是什么? 我们应该如何理解它呢? 很多人脑海中可能没有一个明确的答案。下面, 我们讲述什么是物联网以及物联网的定义。

1.1.1 物联网的概念

物联网又称传感网，是继计算机、互联网与移动通信网之后的又一次科技革命。世界上的万事万物，小到手表、钥匙，大到汽车、楼房，只要嵌入一个微型智能感应芯片，这个物体就可以"自动开口说话"。再借助无线组网技术，人们就可以和物体"对话"，物体和物体之间也能"交流"，这就是物联网。

物联网是新一代信息技术领域的重要组成部分，英文名称是"The Internet of Things"，即"物联网就是物物相连的互联网"。这里包含两层意思：

第一，物联网的核心和基础仍然是互联网，是在互联网基础上延伸和扩展的网络；

第二，其用户端延伸和扩展到了任何物品与物品之间，进行信息交换和通信。

从另外一个角度来讲，物联网是通过射频识别（Radio Frequency Indentification，RFID）、红外感应器、全球定位系统（Global Positioning System，GPS）、激光扫描器等信息传感设备，按约定的协议，将任意物品与互联网连接起来，进行信息交换和通信，以实现智能化识别、定位、跟踪、监控和管理的一种网络。

总之，物联网是未来互联网的一部分，能够定义为基于标准和交互通信协议的、具有自配置能力的动态全球网络设施，在物联网内，物理世界实际存在的和网络世界虚拟的"物品"具有身份、物理属性、拟人化等特征，它们能够被一个综合的信息网络所连接。

物联网并不是互联网的翻版，也不是互联网的一个接口，而是互联网的一种延伸。物联网的精髓，不仅是对物体实现连接和操控，还包括通过技术手段的扩张，赋予网络新的含义，实现人与物之间的相融与互动，甚至是交流与沟通。

物联网概念的提出就是为了满足经济全球化的需求。例如，目前物流业务是全球发展较快速的业务，人们设想如果从物流的角度将 RFID 技术、GPS 技术与无线传感器网络（Wireless Sensor Networks，WSN）技术与"物品"信息的采集、处理结合起来，从信息流通的角度将 RFID 技术、GPS 技术、WSN 技术、数字地球技术与互联网结合起来，就能够将互联网的覆盖范围从"人"扩大到"物"，就能够通过 RFID 技术、GPS 技术与 WSN 技术采集和获取有关物流的信息，通过互联网实现对世界范围内物流信息的快速、准确识别与全程跟踪，这种技术就是典型的物联网技术。物联网拓扑示意如图 1.1 所示。

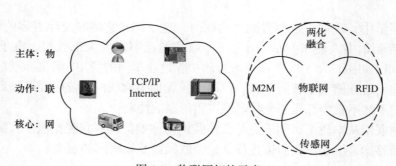

图 1.1　物联网拓扑示意

1.1.2　物联网技术基础

物联网概念提出至今已经将近 20 年，通信技术经历了从模拟到数字、从有线到无线、从 2G 到 5G 的跨越式发展。但是，为什么近几年物联网才算真正进入大发展阶段，而不是仅仅停留在最初的物联网概念上呢？这是因为物联网的发展需要一些基础的技术支持，没有硬件的基础技术，物联网就像空中楼阁一样，可望而不可即。

物联网的发展基于通信技术的发展，没有通信技术的飞速发展，就没有物联网发展的平台。物联网技术的核心和基础仍然是互联网技术，其用户端延伸和扩展到了任意物品和物品之间。

随着无线通信技术的发展，物联网的建立有了一个坚实的硬件基础。电信网和互联网解决的都是人与人的通信，移动互联网解决了人与物的通信，物联网则进一步发展为解决物与物的通信。互联网是在电信网的基础上发展起来的，可以被理解为是电信网的应用，其成为移动互联网发展的基础；在移动互联网的基础上发展起来并成为其应用的物联网，未来必然成为覆盖互联网的一个大平台。

目前，物联网行业已经得到了迅速发展，从技术上来讲，无线移动网络已经给物联网提供了一个稳定的运行平台。但是，物联网是终端化、智能化的网络，其技术发展目标是实现全面感知、可靠传递和智能处理。因此，物联网系统的发展除了基础无线通信技术的支撑外，还有属于自己特殊需求的感知技术、传输技术和后台应用技术。下面，我们就对目前物联网系统所需要的关键支撑技术进行分析。

1. RFID 和 EPC 技术

RFID 和 EPC（Electronic Product Code，电子产品代码）技术是物联网中让物品"开口说话"的关键技术，它通过 EPC 和 RFID 标签上存储的规范而具有互用性的信息，经过无线通信网络把它们自动采集到中央信息系统，实现物品（商品）的识别。RFID 技术实物如图 1.2 所示，左边为无源电子标签，右边为有源电子标签。

图 1.2　RFID 技术的实物

2. 传感控制技术

传感控制技术是负责接收物品"讲话"内容的技术。传感控制技术是关于从自然信源获取信息，并对其进行处理、变换和识别的一门多学科交叉的现代科学与工程技术，它涉及传感器、信息处理和识别的规划设计、开发、制造、测试、应用及评价改进等活动。传感控制技术的应用如图 1.3 所示。

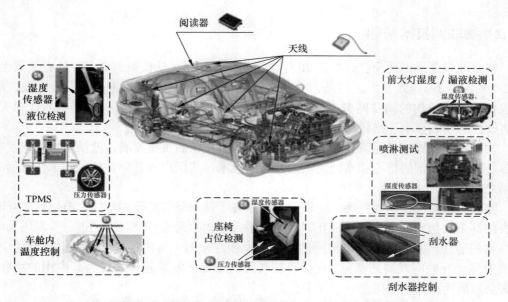

图 1.3　传感控制技术的应用

3. 无线网络技术

　　物品与人的无障碍交流，必然离不开高速、可进行大批量数据传输的无线网络。无线网络既包括允许用户建立远距离无线连接的全球语音和数据网络，又包括近距离的蓝牙技术和红外技术。近距离无线通信手段如图 1.4 所示。

图 1.4　近距离无线通信手段

4. 组网技术

组网技术就是组建网络的技术，既可分为以太网组网技术和异步传输模式（Asynchronous Transfer Mode，ATM）局域网组网技术，又可分为有线组网技术、无线组网技术。在物联网中，组网技术起到"桥梁"的作用，其中应用较多的是无线组网技术。它能将在一定范围内的分散的节点自动组成一张网络，增加各采集节点获取信息的渠道。除了采集到的信息外，该节点还能获取一定范围内的其他节点采集到的信息，因此，在该范围内节点采集到的信息可以统一处理、统一传送，或者经过节点之间的相互"联系"后，各节点通过协商传送各自的部分信息。无线组网技术示意如图 1.5 所示。

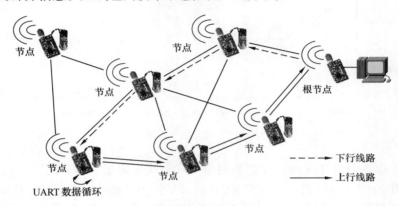

图 1.5　无线组网技术示意

5. 人工智能技术

人工智能（Artificial Intelligence，AI）是研究让计算机模拟人的某些思维的过程和智能行为（如学习、推理、思考、规划等）的技术。在物联网中，人工智能技术主要负责对物品"说话"的内容进行分析，从而实现计算机自动处理。医疗机器人即属于人工智能技术在医学中的应用。

1.1.3　物联网发展史

物联网的实践可以追溯到 1990 年施乐公司的网络可乐贩售机，如图 1.6 所示。

图 1.6　网络可乐贩售机

物联网的概念是在 1999 年提出的。应用创新是物联网发展的核心，以用户体验为核心的创新是物联网发展的"灵魂"。物联网发展史如图 1.7 所示。

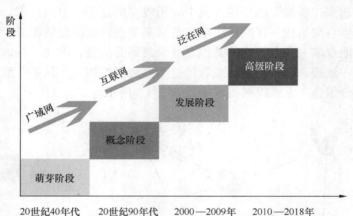

图 1.7　物联网发展史

1999 年，在美国召开的移动计算和网络国际会议提出了"物联网"的概念；1999 年，MIT Auto-ID 中心的 Ashton 教授在研究 RFID 时最早提出了物联网系统设计应该结合物品编码、RFID 和互联网技术的解决方案。当时，他基于互联网、RFID 技术、EPC 标准，在计算机互联网的基础上，利用射频识别技术、无线数据通信技术等，构造了一个实现全球物品信息实时共享的实物互联网。

2003 年，美国《技术评论》提出传感网络技术将是未来改变人们生活的十大技术之首。

2005 年 11 月 17 日，在突尼斯举行的信息社会世界峰会上，国际电信联盟（International Telecommunication Union，ITU）发布《ITU 互联网报告 2005：物联网》，引用了"物联网"的概念。

2008 年 11 月，美国提出了"智慧地球"的概念，具体地说，就是把感应器嵌入和装备到电网、铁路、桥梁、隧道、公路、建筑、供水系统、大坝、油气管道等各种物体中，并且被普遍连接，形成物联网。

2009 年 6 月 18 日，欧盟委员会向欧盟议会、理事会、欧洲经济和社会委员会及地区委员会递交了《欧盟物联网行动计划》，希望欧洲在构建新型物联网管制框架的过程中，在世界范围内起主导作用。

日本 2004 年就推出了"u-Japan"计划，着力发展泛在网及相关产业，并希望由此催生新一代信息科技革命。2009 年 8 月，日本提出了"智慧泛在"构想，将传感网列为国家重点战略之一，致力于构建一个个性化的物联网智能服务体系，充分调动日本电子信息企业的积极性，确保日本在信息时代的国家竞争力。

2009 年 8 月，中国提出了"感知中国"的概念。自"感知中国"提出后，物联网被正式列为国家五大新兴战略性产业之一，被写入《政府工作报告》，物联网在中国受到了全社会极大的关注。

目前，物联网的概念已经是一个"中国制造"的概念，它的覆盖范围与时俱进，已经超越了 1999 年 Ashton 教授和 2005 年 ITU 报告所指的范围，物联网已被贴上"中国式"标签。物联网在中国迅速崛起得益于我国在物联网方面的几大优势：

① 我国早在 1999 年就启动了物联网核心传感网技术研究，研发水平处于世界前列；

② 在世界传感网领域，我国是标准主导国之一，专利拥有量高；

③ 我国是目前能够实现物联网完整产业链的国家之一；

④ 我国无线通信网络和宽带覆盖率高，为物联网的发展提供了坚实的基础设施支持；

⑤ 我国已经成为世界第二大经济体，有较为雄厚的经济实力支持物联网发展。

▶▶ 1.2　物联网框架结构

1.2.1　物联网体系框架

物联网是借助各种信息传感技术和信息传输与处理技术，使管理对象（人或物）的状态能被感知、智能识别，而形成的局部应用网络。随着相关技术的发展，将来，物联网是将这些局部应用网络通过互联网和通信网连接在一起，形成的人与物、物与物相联系的一张巨大网络。目前，物联网系统的划分有两种主流的分层方案：

第一种为三层划分法，即感知层、网络层、应用层，如图 1.8 所示。

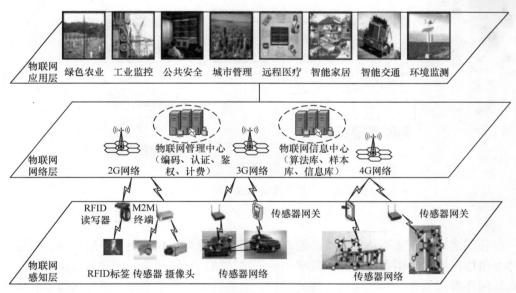

图 1.8　物联网三层划分示意

第二种为四层划分法，即感知层、传输层、平台层、应用层，如图 1.9 所示。

其中，四层划分法是三层划分法的进一步细化，它将网络层细分为传输层和平台层两个部分，是目前物联网系统较新的划分方式，如图 1.10 所示。

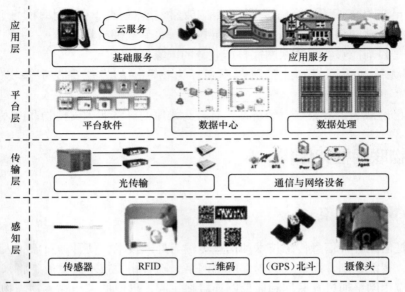

图 1.9　物联网四层划分示意

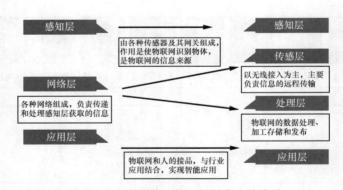

图 1.10　三层划分法与四层划分法的关系

在各层之间，信息不是单向传递的，各层间有信息交互、控制等，所传递的信息多种多样，包括在特定应用系统范围内能唯一标识物品的识别码和物品的静态与动态信息。尽管物联网在智能工业、智能交通、环境保护、公共管理、智慧家庭、医疗保健等经济和社会各个领域的应用特点千差万别，但是每个应用的基本架构都包括感知、传输和智能处理三个层次，各领域的专业应用子网都是基于三层基本架构构建的。物联网各层的主要功能如图 1.11 所示。

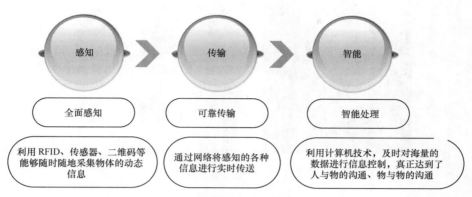

图 1.11　物联网各层的主要功能

1.2.2　物联网感知层

感知层解决的是人类世界和物理世界的数据获取问题，由各种传感器及传感器网关构成。感知层的主要功能是实现对物体的感知、识别、监测，数据或数据变化的采集及其反应与控制等。感知层主要由遍布楼宇、街道、公路桥梁、车辆、地表和管网中的各类传感器、二维码（如图 1.12 所示）、RFID 标签和 RFID 识读器、摄像头、GPS、M2M（Machine to Machine）设备及各种嵌入式终端等组成。它是物联网的基础。感知层是由传感器、识别设备、传感器网络共同组成的。

图 1.12　二维码识别

传感器技术应用如图 1.13 所示。

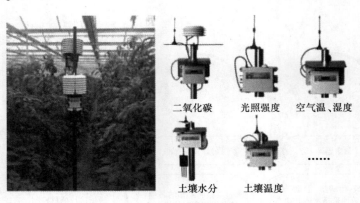

二氧化碳　　光照强度　　空气温、湿度

土壤水分　　土壤温度　　·······

图 1.13　传感器技术应用

1.2.3　物联网传输层

传输层是物联网的神经系统，它将遍布物联网的传感器连接起来。在物联网出现之前，网络的接入需求主要体现在个人计算机（Personal Computer，PC）、移动终端对互联网的接入需求。如今，随着物联网技术的发展，无线接入不仅仅体现在 PC、移动终端对网络的连接需求，还有工业生产环境下物与物之间的连接需求。

传输层解决的是感知层所获得的数据在一定范围内的长距离的传输问题，主要完成接入和传输功能，是进行信息交换、传递的数据通道，包括接入网与传输网两种。传输层是由各类有线与无线节点、固定与移动网关组成的各种通信网络与互联网的融合体。其可用技术包括 LoRa、NB-IoT 及 ZigBee、蓝牙、Wi-Fi、GPRS 技术。无线传感网示意如图 1.14 所示。

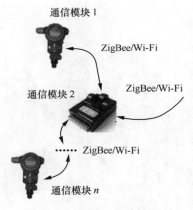

通信模块 1

ZigBee/Wi-Fi

ZigBee/Wi-Fi

通信模块 2

······ ZigBee/Wi-Fi

通信模块 n

图 1.14　无线传感网示意

1.2.4　物联网平台层

平台层通过中间软件实现感知硬件和应用软件之间的物理隔离和无缝连接，提供海量数据的高效汇聚和存储，通过数据挖掘、智能数据处理计算等，为行业应用层提供安全的网络管理和智能服务。平台层功能示意如图 1.15 和图 1.16 所示。

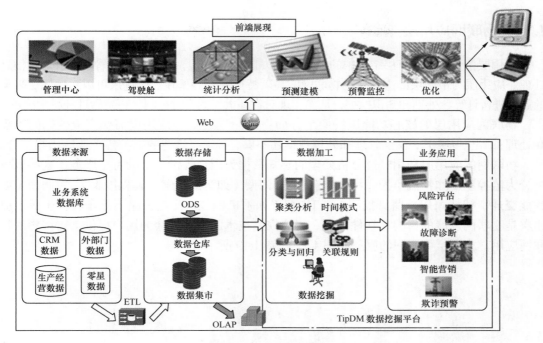

图 1.15 平台层功能示意 1

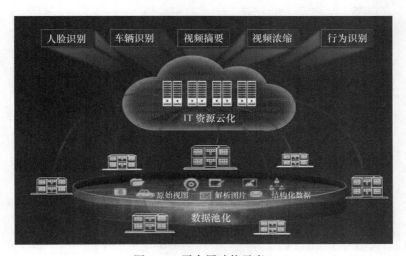

图 1.16 平台层功能示意 2

在物联网平台层中，大数据代表了互联网的信息层，是互联网智慧和意识产生的基础。云计算是互联网核心硬件层和核心软件层的集合，也是互联网"中枢神经系统"的萌芽。

云计算和大数据是应用层和感知层的纽带，感知层产生大数据，大数据需要云计算。感知层将物品和互联网连接起来，进行信息交换和通信，通过应用层的分析处理来实现智能化识别、定位、跟踪、监控和管理。在此过程中产生了大量的数据，云计算就是将数据存储分类，提供给应用层进行进一步的智能分析。

1.2.5 物联网应用层

应用层位于物联网三层结构中的最顶层,功能为"处理",即通过后台管理软件进行信息处理。应用层与最底层的感知层是物联网的显著特征和核心所在。应用层可以对感知层采集的数据进行计算、处理和知识挖掘,从而实现对物理世界的实时控制、精确管理和科学决策。

物联网应用层的核心功能围绕两个方面:一是"数据",应用层需要完成数据的管理和处理;二是"应用",仅仅管理和处理数据还不够,必须将这些数据与各行业应用相结合。

物联网的应用层利用经过分析处理的感知数据为用户提供丰富的特定服务,这些服务可分为监控型(如物流监控、污染监控)、查询型(如智能检索、远程抄表)、控制型(如智能交通、智能家居、路灯控制)、扫描型(如手机钱包、高速公路不停车收费)等。应用层是物联网发展的目的,软件开发、智能控制技术的发展将会为用户提供丰富多彩的物联网应用。应用层可实现的服务如图 1.17 ～图 1.19 所示。

图 1.17　后台管理

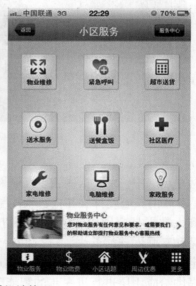

图 1.18　手机端管理

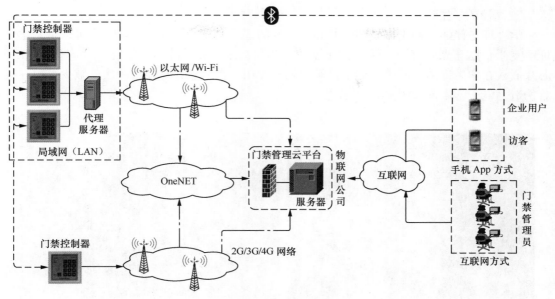

图 1.19　物联网门禁系统

1.3　物联网的应用和发展趋势

目前，中国物联网正在从硬件等基础设备向软件平台和垂直行业应用升级，迈入发展的第二阶段，万物互联的产业生态才刚起步。驱动物联网生态发展的因素逐渐成熟，如硬件成本下降、云计算和大数据与行业相结合、5G 和 NB–IoT 等技术逐步推进。也就是说，未来的世界，必将是物联网大发展的舞台。

在我们的生活中，物联网的应用也处处可见，下面我们通过具体例子，简述物联网的日常应用。

1.3.1　物联网在生活中的应用

1. 第二代身份证

第一代身份证采用聚酯膜塑封，后期使用激光图案防伪。与第一代身份证相比，第二代身份证最大的改革就是它的防伪技术。第二代身份证有定向光变色"长城"图案、光存储"中国 CHINA"字样、防伪膜等防伪技术。第二代身份证采用的是非接触式 IC 芯片卡和指纹感应技术，这是典型的物联网基础应用。第一代身份证和第二代身份证对比如图 1.20 所示。

图 1.20　第一代身份证和第二代身份证对比

2. 高校的学生证

学生证是伴随我们走过校园时光必不可少的证件。众所周知，在读学生可以拿着学生证享受半价购车票等优惠，但是由于学校、学生众多，相关部门就将统一可读写的 RFID 芯片嵌入在学生证内，其中存储了该学生列车使用次数信息，每使用一次就减少一次，很难伪造。电子学生证如图 1.21 所示。

图 1.21　电子学生证

3. ETC 系统

现在的高速公路收费站都有一个 ETC 系统，如图 1.22 所示，来回的车辆在经过拦车杆时只需要减速行驶就可以完成认证、计费，这在很大程度上节省了人力和物力。但是，ETC 系统不仅需要对收费系统进行改造，还需要在车辆上面安装识别芯片，很难被安装在所有的车辆上，因此很多地方采用 ETC 系统与人工收费系统两种系统，但是两种系统相比较，ETC 系统不仅省时省力而且效率高。

图 1.22　ETC 系统

4. 物流查询和追踪

物联网技术同样被运用到运输物流业，将传感器安装在货车和正在运输的各个独立部件上，中央系统从一开始就追踪这些货物直到结束，这样就可以全面实时地追踪这些车辆和货物的行程，不仅可以实时更新货物信息，还可以防止货物被盗。

5. 无人驾驶卡车

在一些比较偏僻的地区，以及交通条件和气候恶劣的情况下，天然气、石油的运输较为困难。很多开采企业运用无人驾驶卡车运输天然气、石油，如图 1.23 所示。这种卡车可以被远程控制和远程通信，开采企业不用派遣工人实地作业，从而减少工程事故的发生，同时也降低了运营成本。

图 1.23　无人驾驶卡车

物联网在生活中的应用非常多，从智能交通、智能物流、智能医疗、智能农业、智能能源，到智能家居、智能汽车等应用，我们生活中的衣食住行目前都已经依赖于物联网，它给我们的生活带来了前所未有的方便与快捷，无论从降低成本、提高效率，还是从提高居民生活质量的方面来说，物联网未来都将是科技发展的重要方向。

1.3.2　物联网的发展趋势

1. 认知技术成为新的智慧

物联网正在快速地转向运用人工智能技术来改造智能装置，使装置在没有人为干预的情况下，能直接对环境的变化做出反应。云端服务与人工智能的整合解决方案，能够整合 App、机器学习及人工智能，以提供完整的情境认知、预测及规范功能，并帮助组织实现物联网的价值。

2. 无人机运输成为现实

从快递甜甜圈到运送能救命的抗毒血清，无人机运输已经成为广受关注的新兴技术。尽管无人机运输现在在整个交通运输领域所占的份额还非常小，但是这种新手段将会颠覆快递行业的发展。

Amazon 就申请了一项专利，该专利是可以在空中完成无人机的配货和运输。Amazon 拟打造一种类似于齐柏林飞艇的"空中配送中心"，以实现大规模、长距离运输的无人机发货功能。

京东和顺丰也正在打造一个由大大小小的无人机组成的物流网络，并配合监管机构制定送货无人机广泛使用方面的规定。无人机快递如图 1.24 所示。无人机运输网络设想如图 1.25 所示。

图 1.24　无人机快递

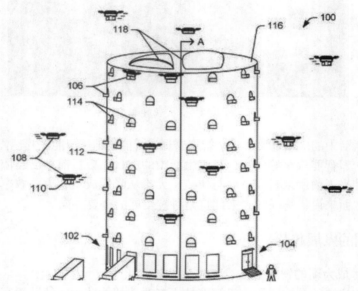

图 1.25　无人机运输网络设想

3. 智能汽车和智能家居的融合

物联网让移动装置和家居生活得以融合,能帮助消费者实现集中管理数字生活的梦想,包含共享汽车、整合火车与飞机的行程、汽车租赁、响应需求的运输(Taxi)、城市内的大众交通、汽车能源管理、旅程规划、动态停车、私人管家等。手机端租车系统如图 1.26 所示。

4. 物联网平台专业化

随着各种物联网解决方案的垂直发展,物联网平台应运而生,如图 1.27 所示。物联网平台为企业提供广泛的供应商选择机会,而无须创建或更改现有的模式。一些企业想让生产工具和工序变得现代化和

图 1.26　手机端租车系统

自动化，物联网市场对他们而言可能具有重大意义。他们无须进行巨额的成本投资，就可以利用工业驱动程序、数据中心、安全监控、数据可视化和数据映射等方式完成现代化和自动化的转型，在物联网市场内彼此可以共享数据和工具，节省更多的成本和时间。

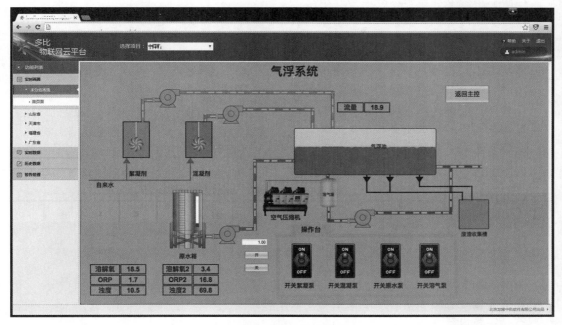

图 1.27　物联网平台示意

例如，沃尔玛宣布推出一种新的方式让用户以虚拟现实（Virtual Reality，VR）公寓体验的形式在其网站上购物，这项体验被称为 3D 虚拟购物之旅，如图 1.28 所示。用户可以探索一个虚拟的公寓，公寓里展示着商品，用户可以直接从中购买。

图 1.28　3D 虚拟购物

通过以最佳方式展示 70 种左右不同产品的 VR 公寓，用户将获得自然和真实的购物体验。随着在虚拟公寓中走动，用户能够获得有关产品的更多详细信息提示，并找到从沃尔玛网站购买的链接。

知识总结

  1. 物联网的概念。
  2. 物联网的分层结构及各层的作用。
  3. 物联网的基础技术和关键技术。
  4. 物联网的发展历程。

思考与练习

  1. 物联网的定义是什么？
  2. 物联网感知层的主要作用是什么？
  3. 物联网未来发展的方向是什么？

实践活动：调研物联网产业的应用现状

一、实践目的
1. 了解生活中的物联网系统。
2. 分析生活中物联网应用的系统构成。
二、实践要求
各学员通过现场考察、网络搜索等方式完成。
三、实践内容
1. 调研生活中物联网应用情况。
2. 对物联网应用的一个实例从分层结构上做详细说明。

场合：

用途：

设备：

各层功能：

3. 分组讨论：针对物联网的应用进行讨论，分析目前物联网应用比较广泛的领域有哪些。

第2章 非接触式识别技术

课程引入

　　小明近来去一所大学打篮球，大汗淋漓之余，到学校的餐厅吃饭，发现大家都是排队刷卡的，没有人使用现金支付，也没有人使用二维码支付，小明感觉很是困惑。回来之后，小明赶紧去找师父说明了一下他的疑问。

　　小明：师父，我去了一所学校看到同学们吃饭都是拿着一张卡就任意消费了，这是怎么回事？

　　师父：这是我们现在推行的校园一卡通系统。

　　新生入学后，学校给每位同学都发放了校园一卡通，同学们可以用手里的校园一卡通进行点餐、借阅图书、解除宿舍楼门禁等，在学校中使用校园一卡通非常方便。那么，学生手里的这张卡片到底包含了哪些技术呢？本章就阐述非接触式技术。

学习目标

　　1. 识记：RFID 概念及系统组成、RFID 标签分类。
　　2. 领会：自动识别技术的类型、RFID 技术标准。
　　3. 应用：RFID 技术在生活中的应用。

2.1 自动识别技术

　　物联网中非常重要的技术就是自动识别技术。自动识别技术融合了物理世界和信息世界，是物联网区别于其他网络（如电信网、互联网）最独特的部分。自动识别技术可以对每个物品进行标识和识别，并可以实时更新数据，是构造全球物品信息实时共享的重要组成部分，是物联网的基石。通俗地讲，自动识别技术就是能够让物品"开口说话"的一种技术。

　　自动识别技术就是应用一定的识别装置，通过被识别物品和识别装置之间的接近活动，自动地获取被识别物品的相关信息，并提供给后台的计算机处理系统完成相关后续处理的一种技术。

自动识别技术将计算机、光、电、通信和网络技术融为一体，与互联网、移动通信等技术相结合，实现了全球范围内物品的跟踪与信息的共享，从而给物体赋予智能，实现人与物体以及物体与物体之间的沟通和对话。

例如，商场的条形码扫描系统就是一种典型的应用自动识别技术的系统。售货员通过扫描仪扫描商品的条码，获取商品的名称、价格，输入数量，后台 PoS（Point of Sale，销售点）系统即可计算出该批商品的价格，从而完成用户商品的结算。当然，用户也可以采用银行卡支付，银行卡的支付也是自动识别技术的一种应用形式。

下面我们介绍几种常见的自动识别技术，包括光学识别技术、语音识别技术、图像识别技术和生物识别技术。

2.1.1　光学识别技术

光学识别技术是指电子设备（如扫描仪或数码相机）检查纸上打印的字符，首先通过检测暗、亮的模式确定其形状，然后用字符识别方法将形状翻译成计算机文字的技术，即针对印刷体字符，采用光学的方式将纸质文档中的文字转换成为黑白点阵的图像文件，并通过识别软件将图像中的文字转换成文本格式，供文字处理软件进一步编辑加工的技术。在日常生活中，我们见到的一维条码、二维码识别就是典型的光学识别技术。一维条码与二维码如图 2.1 所示。

图 2.1　一维条码与二维码

1. 一维条码

条码技术的核心是条码符号，我们所看到的条码符号是由一组排列规则的条、空以及相应的数字字符组成的。这种用条、空组成的数据编码可以供机器识读，而且很容易译成二进制数和十进制数。这些条和空可以有各种不同的组合方法，构成不同的图形符号，即各种符号体系，又称码制。不同码制的条码，适用于不同的应用场合。一维条码具有以下优点：

① 可靠性强（误差概率不大于 1/15 000）；

② 效率高（速率 40bit/s）；

③ 成本低；

④ 易于制作；

⑤ 构造简单；

⑥ 灵活实用；

⑦ 可实现自动化管理。

20 世纪 70 年代，国外超市开始广泛使用一维条码，继而发展到杂货店、仓储商店和其他零售商店都开始使用一维条码以便于 PoS 扫描。PoS+ 条码扫描器成为当时所有零售店必不可少的设备。

20 世纪 80 年代初，美国国防部要求对其交货的产品都要有条码，从而推动了产品制造商在车间现场，甚至在车站码头都开始使用一维条码。

目前，一维条码应用集中在物流运输、零售和工业制造三个领域，市场份额占有率名列前茅。全球条码设备应用的分布状况如图 2.2 所示。

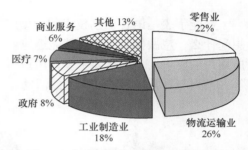

图 2.2　全球条码设备应用的分布状况

2. 二维码

二维码又称二维条码，正是为了解决一维条码无法解决的问题而产生的。因为它具有高密度、高可靠性等特点，所以可以用它表示数据文件（包括汉字文件）、图像等。二维码是实现大容量、高可靠性信息存储、携带并自动识读的理想方法。

二维码是在一维条码的基础上扩展出的一种具有可读性的条码。设备扫描二维码，通过识别条码的长度和宽度中所记载的二进制数据，可获取其中所包含的信息。相比一维条码，二维码可记载更复杂的数据，如图片、网络链接等。二维码具有以下优点：

① 高密度编码，信息容量大；

② 编码范围广；

③ 容错能力强，具有纠错功能（损毁面积 50% 也可正常读取）；

④ 译码可靠性高（误码率为千万分之一）；

⑤ 可引入加密措施；

⑥ 成本低，易制作，持久耐用；

⑦ 条码符号形状、尺寸大小比例可变；

⑧ 可以使用激光或电荷耦合器件（Charge Coupled Device，CCD）阅读器识读。

一维条码与二维码的比较见表 2.1。

表2.1　一维条码与二维码的比较

项目	一维条码	二维码
资料密度与容量	密度低，容量小	密度高，容量大
错误侦测及自我纠正能力	可以进行错误侦测，但没有错误纠正能力	有错误检验及错误纠正能力，并可根据实际应用设置不同的安全等级
垂直方向的资料	不存储资料，垂直方向的高度是为了识读方便，并弥补印刷缺陷或局部损坏	携带资料，可以纠正印刷缺陷或局部损坏等，并能恢复资料
主要用途	用于对物品的标识	用于对物品的描述

（续表）

项目	一维条码	二维码
资料库与网络依赖性	多数场合需依赖资料库及通信网络	可不依赖资料库及通信网络而单独使用
识读设备	可用线型扫描器识读，如光笔、线型CCD等	对于堆叠式可用线型扫描器或图像扫描仪识读，对于矩阵式则只能用图像扫描仪识读

2.1.2 语音识别技术

智能手表是语音识别技术的典型应用，如图 2.3 所示。用户无须动手，只需告诉手表想问什么、想做什么，手表就能迅速识别用户的问题和指令，并迅速给出精准的答案，响应用户的要求。利用智能手表，用户不仅可以直接与联系人通话，还可以进行支付、导航等一系列与日常生活密切相关的活动。

图 2.3　智能手表

当用户对智能手表说"你好，问问"，语音界面就会被唤醒，用户可以按照习惯的表达方式说出指令。所有繁杂的事情，都会因为语音操作而变得更加简单快捷。

语音识别技术（在自动识别领域中通常称为声音识别技术）首先将人类的语音转换为电子信号，然后将这些信号输入具有规定含义的编码模式中。它并不是将说出的词汇转变为字典式的拼法，而是将其转换为一种计算机可以识别的形式，这种形式通常可触发某条指令。例如，打开某个文件、发出某个信号或开始对某一活动录音。

语音识别以分批式和实时式两种不同的形式进行信息收集工作：分批式信息收集是指使用者的信息从主机系统中被下载到手持式终端机中，它自动更新，然后在工作日结束时将全部信息上载到计算机主机；在实时式信息收集中，语音识别也许会与射频技术相结合，提供移动式的实时信息传输。

在某些应用中，特别是多步骤检验应用中，使用模拟语音提示可以帮助用户完成整个检验过程。语音识别与模拟语音提示相结合，可帮助操作人员完成一系列的工作，它用操作人员对模拟语音提示的回答来确认工作的正确性。在速度和准确性要求较高的应用中，或者在操作人员的手和眼睛要用来进行其他工作，而不能写字或打字的情况下，语音识别技术是理想的技术。通常的语音识别应用包括收货 / 送货、批发、订单取货、零件追踪、试验室工作、库存控制、铲车操作、分类、材料处理、质量控制和仓库管理。

目前，语音识别技术得到越来越广泛的应用，因为使用它的要求并不是很高（允许操作人员在日常工作时收集和输入信息），而且它的成本效益非常高。大多数语音识别系统是讲话人训练式（依赖讲话人）的。也就是说，每个使用者将一组词汇读给这套系统，由"训练"系统来识别其特殊的声音。这种"训练"允许讲话人带有口音或使用特殊的词汇或术语。另外，还有一种系统是不依赖讲话人的系统，此系统需事先存入代表人们讲话习惯的主要词汇，虽然不需要特别训练，但是它只可识别有限的特殊词汇。

如图 2.4 所示，语音识别的过程可以分为以下几个步骤。

① 语音输入。这个过程可以通过计算机上的声卡来获取传声器中输入的音频信号，或者直接读取计算机中已经存在的音频文件。

② 音频信号特征提取。在得到音频信号之后，我们首先需要对音频信号进行预处理，然后对预处理之后的音频信号进行特征提取。

③ 声学模型处理，即把语音的声学特征分类对应到音素或字词这样的单元。

④ 语言模型处理，即用语言模型把字词解码成一个完整的句子，至此就得到了最终的语音识别结果。

图 2.4　语音识别的过程

2.1.3　图像识别技术

1. 图像识别技术概述

随着计算机技术与信息技术的发展，图像识别技术获得了越来越广泛的应用。例如，医疗诊断中各种医学图片的分析与识别、天气预报中的卫星云图识别、遥感图片识别、指纹识别、脸谱识别等，如图 2.5 所示。图像识别技术越来越多地渗透到我们的日常生活中。

图像识别技术的含义很广，主要指通过计算机采用数学方法对一个系统前端获取的图像按照特定目的进行相应的处理。图像识别包括条码识别、生物特征识别（人脸识别、指纹识别等）、智能交通中的动态对象识别、手写识别等。可以说，图像识别技术就是人类视觉认知的延伸。图像识别是人工智能的一个重要领域，随着计算机技术及人工智能技术的发展，图像识别技术越来越成为人工智能的基础技术。它涉及的技术领域越来越广泛，应用也越来越深入。图像识别技术的基本分析方法随着数学工具的不断进步而不断发展。现在图像识别技术的应用范围已经远远突破视觉的范围，更多地体现为机器智能、数字技术的特点。

图 2.5　车站人脸识别系统

图像识别系统是一个以信息处理为主的技术系统，它的输入端是将要被识别的信息，输出端是已识别的信息，如图 2.6 所示。

图 2.6　图像识别的过程

图像识别系统的输入信息分为特定格式信息和图像图形格式信息两大类。

特定格式信息就是采用规定的表现形式来表示规定的信息，如条码符号、IC 卡中的数据格式等。其识别的过程如图 2.7 所示。

图 2.7　特定格式信息识别的过程

图像图形格式信息则是指二维图像与一维波形等信息，如二维图像包括的文字、地图、照片、指纹、语音等。其识别的过程如图 2.8 所示。

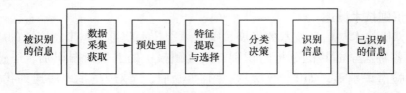

图 2.8　图像图形格式信息识别的过程

如图 2.8 所示，图像图形格式信息识别大致可以分为以下几个步骤。

① 数据采集，即通过传感器将光或声等信息转化为电信号。

② 预处理，包括信号增强（去除噪声，加强有用信息）、信号恢复（对退化现象进行复原）。

③ 特征提取与选择，即特征能够较容易地从图像中提取。需注意的是，所选取的特征必须有利于分类。

④ 分类决策，即分类器按已确定的分类规则对待识模式进行分类判别，输出分类结果，

这是分类器的使用过程。

⑤ 识别信息，即对分类结果进行识别。

2. 图像识别的案例分析——缺陷检测识别

玻璃瓶口缺陷识别包括俯拍图像识别、顶拍图像识别两个部分，识别算法主要包括图像定位、缺陷提取和缺陷识别三个部分。玻璃瓶口缺陷识别流程如图 2.9 所示。检测过程中的实物如图 2.10 ～图 2.14 所示。

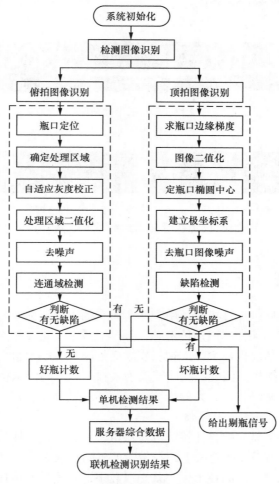

图 2.9　玻璃瓶口缺陷识别流程

（a）好瓶　　（b）封锁环横裂纹（箭头所指处）　（c）封锁环斜裂纹（箭头所指处）

图 2.10　俯拍图像缺陷检测

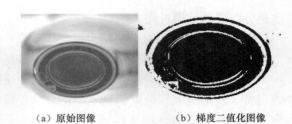

（a）原始图像　　　　　　　（b）梯度二值化图像

图 2.11　封锁环横裂纹及处理后图像　　　　　图 2.12　顶拍图像缺陷检测

图 2.13　瓶口极坐标图像

（a）去直线后瓶口图像　　　　　　　（b）缺陷识别结果

图 2.14　去直线后瓶口图像及缺陷识别结果

2.1.4　生物识别技术

生物识别技术是指通过计算机，利用人体所固有的生理特征或行为特征进行个人身份鉴定的技术，如指纹识别和虹膜识别技术等。世界上两个人指纹相同的概率极小，两个人的眼睛虹膜一模一样的情况也极少。人在三岁之后虹膜就几乎不再发生变化，且眼睛瞳孔周围的虹膜具有复杂的结构，因此虹膜能够成为人独一无二的标志。

与生活中的钥匙和密码相比，人的指纹或虹膜不易被修改、被盗或被人冒用，而且随时随地都可以使用。

生物识别技术主要依靠人的身体特征进行身份验证，由于人体特征具有不可复制的特性，这一技术的安全系数较传统意义上的身份验证机制有很大的提高。

生物识别是用来识别个人的技术，它首先以数字形式测量所选择的某些人体特征，然后与这个人的档案资料中的相同特征做比较，这些档案资料可以存储在一个卡片中或数据库中。生物识别技术可使用的人体特征包括指纹、声音、掌纹、手腕上和眼睛视网膜上的血管排列、眼球虹膜的图像、脸部特征、签字时和在键盘上打字时的动态等。生物识别技术适用于绝大多数需要进行安全性防范的场合，遍及诸多领域，在包括金融证券、IT、安全、教育、海关等行业的许多应用系统中都具有广阔的应用。

指纹识别技术是指利用人体指纹特征的差异进行身份认证的一种技术，如图 2.15所示。

虹膜识别技术是指利用人体虹膜特征的差异进行身份认证的一种技术，如图 2.16 所示。

图 2.15　指纹识别技术

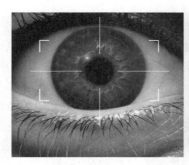

图 2.16　虹膜识别技术

　　静脉识别技术是指利用人体静脉血管特征的差异进行身份认证的一种技术，如图 2.17 所示。

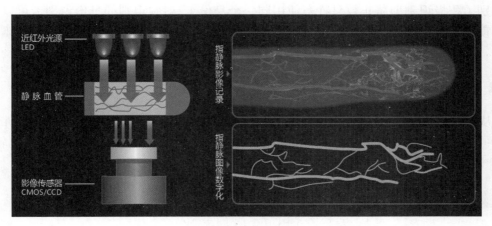

图 2.17　静脉识别技术

　　人脸识别技术是指利用人体面部特征的差异进行身份认证的一种技术。

　　目前，生物识别技术是最高安全级别的自动识别技术。人的生物特征是众多的，某些可测量或可自动识别和验证的生物特征，已成为或将成为生物测定技术的前提，我们所做的基本工作就是对这些基本的特征进行统计分析，从中获得有效的结果。

　　所有的生物识别工作多数进行了这样 4 个步骤：获取原始数据、抽取特征、比较和匹配。

生物识别系统捕捉到生物特征的样品，唯一的特征将会被提取并且被转化成数字符号，接着，这些符号被用作识别某个人的特征模板，这种模板可能会存放在数据库、智能卡或条码卡中，人们同识别系统交互，根据匹配或不匹配来确定其身份。总之，生物识别技术在目前不断发展的电器世界和信息世界中的地位将会越来越重要。

2.2 RFID 系统概述

2.2.1 RFID 的定义

RFID 是 Radio Frequency Identification 的缩写，即射频识别，俗称电子标签，是一种非接触式的自动识别技术，它通过射频信号自动识别目标对象并获取相关数据，识别工作无须人工干预，可工作于各种恶劣环境。RFID 技术可识别高速运动的物体，并可同时识别多个标签，操作快捷方便。

RFID 的工作原理是：电子标签进入磁场后，如果接收到阅读器发出的特殊射频信号，就能凭借感应电流所获得的能量发送出存储在芯片中的产品信息（即 Passive Tag，无源标签或被动标签），或者主动发送某一频率的信号（即 Active Tag，有源标签或主动标签），阅读器读取信息并解码后，发送至中央信息系统进行有关数据的处理。

许多行业都运用了 RFID 技术。例如，将 RFID 标签附着在一辆正在生产中的汽车上，厂商就可以追踪此车在生产线上的进度；将 RFID 标签附着在药品上，仓库可以追踪放置药品的位置。另外，RFID 标签也可以附于牲畜与宠物上，方便对牲畜与宠物的积极识别（积极识别即防止数只牲畜使用同一个身份）。射频识别的身份识别卡可以使员工解锁门禁系统进入办公大楼，汽车上的射频应答器可以用来征收收费路段与停车场的费用。

2.2.2 RFID 系统的组成

从结构上讲，RFID 系统是一种简单的无线系统，RFID 系统可分为硬件和软件两大部分：硬件包括电子标签、读写器和天线，如图 2.18 所示；软件可分为 RFID 系统软件、RFID 中间件和主机应用程序。

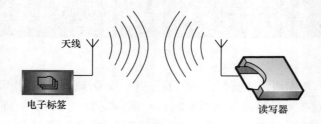

图 2.18　RFID 系统硬件的组成

电子标签又称为应答器，是一个微型的无线收发装置，主要是由内置天线和芯片组成的，如图 2.19 所示。芯片中存储能够识别目标的信息，当读写器查询时它会发射数据给读写器。

　　读写器是一个捕捉和处理 RFID 标签数据的设备，它可以是单独的个体，也可以嵌入其他系统中，如图 2.20 所示。读写器也是构成 RFID 系统的重要部件之一。由于它能够将数据写入电子标签中，因此称为读写器。

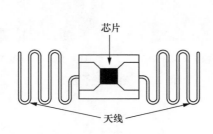

芯片

天线

图 2.19　电子标签　　　　　　　　　　　　　图 2.20　读写器

　　天线是一种以电磁波形式接收前端射频信号功率或将其辐射出去的设备，是电路与空间的界面器件，用来实现导行波与自由空间波能量的转化。在 RFID 系统中，天线分为电子标签天线和读写器天线两大类，分别承担接收能量和发射能量的任务。

2.2.3　RFID 标签的分类

　　根据是否含有电源和能否主动发射信号，RFID 标签分为无源电子标签、有源电子标签和半有源电子标签三种。

1. 无源电子标签

　　无源电子标签产品是发展最早、发展最成熟、市场应用较广的产品，例如公交卡、食堂餐卡、宾馆门禁卡、二代身份证等，在我们的日常生活中随处可见，这些都属于近距离接触式识别类卡，如图 2.21 所示。这类产品的主要工作频率有低频 125kHz、高频 13.56MHz、超高频 433MHz 和超高频 915MHz。

（a）门禁卡　　　　　　　　（b）公交卡　　　　　　　　（c）身份证

图 2.21　无源电子标签

2. 有源电子标签

　　有源电子标签产品是近几年慢慢发展起来的，其远距离自动识别的特性决定了其巨大的应用空间和市场潜力，如图 2.22 所示。它在远距离自动识别领域，如智能监狱、智能医院、智能停车场、智能交通、智慧城市、智慧地球及物联网等领域有重大应用。有源电子标签属于远距离自动识别类，其产品主要工作频率有超高频 433MHz、微波 2.45GHz 和 5.8GHz。

（a）有源电子标签卡 ML-T80　　　　（b）有源电子标签 ML-T90

图 2.22　有源电子标签

3. 半有源电子标签

半有源电子标签产品集成有源电子标签产品及无源电子标签产品的优势，在低频 125kHz 频率的触发下，让微波（2.45GHz）发挥优势。半有源电子标签技术也可以称为低频激活触发技术，利用低频近距离精确定位，微波远距离识别和上传数据可实现有源电子标签和无源电子标签没有办法实现的功能。简单地说，就是近距离激活定位，远距离识别及上传数据。半有源电子标签可在各种恶劣环境下自由工作，短距离射频产品不怕油渍、灰尘污染等恶劣的环境，可以替代条码，如用在工厂的流水线上跟踪物品；长距射频产品多用于交通上，识别距离可达几十米，如自动收费或识别车辆身份等。基于半有源电子标签的老人院区域定位管理系统如图 2.23 所示。

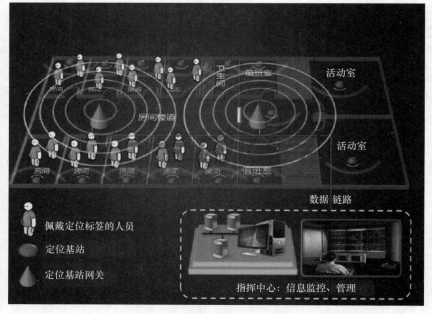

图 2.23　基于半有源电子标签的老人院区域定位管理系统

根据工作频率的不同，RFID 标签又可分为低频（Low Frequency，LF）电子标签、高频（High Frequency，HF）电子标签、超高频（Ultra High Frequency，UHF）电子标签、微波（Microwave）电子标签。

RFID 主要频率段标准及特征见表 2.2。

表2.2　RFID主要频率段标准及特征

项目	低频	高频		超高频	微波
工作频率	125～134kHz	13.56MHz	JM13.56MHz	868～915MHz	2.45～5.8GHz
速度	慢	中等	很快	快	很快
潮湿环境	无影响	无影响	无影响	影响较大	影响较大
方向性	无	无	无	部分有	有
全球适用频率	是	是	是	部分适用（欧盟，美国）	部分适用（非欧盟国家）
现有标准	ISD 11784/85、ISD 14223	ISO 18000-3/2、ISO 14443	ISO 18000-3/2、ISO 15693	EPC C0、EPC C1、EPC C2、EPC G2	ISO 18000-4
主要应用范围	进出管理、固定设备、天然气、洗衣店	图书馆、产品跟踪、货架、运输	空运、邮局、医药	货架、卡车、拖车跟踪	收费站、集装箱

2.2.4　RFID 技术标准

标准化是指对产品、过程或者服务中现实和潜在的问题做出规定，提供可共同遵守的工作语言，以利于技术合作，同时防止贸易壁垒。通过制定、发布和实施 RFID 标准，可以解决编码通信、空中接口和数据共享等问题，以最大限度地促进 RFID 技术及相关系统的应用。接下来，我们介绍几个 RFID 国际标准化组织机构。

1. ISO/IEC

RFID 技术在国际标准化组织（International Standards Organization，ISO）的分类中属于信息技术中的自动识别与数据采集领域（Auto Identification and Data Collection，AIDC），相关标准由 ISO 和国际电工委员会（International Electrotechnical Commission，IEC）负责制定。

ISO 和 IEC 专门为 AIDC 技术成立了技术标准组（JTC 1），1996 年又成立了 SC 31 分委员会，负责自动识别和数据采集技术的标准化制定工作。

ISO 技术委员会也涉及部分 RFID 的相关标准工作，如 ISO/TC 104 货运集装箱标准化技术委员会公布了 RFID 用于海运集装箱的标准，ISO/TC 122 包装标准化技术委员会和 ISO/TC 104 的联合工作组也在开发一系列 RFID 供应链管理的应用标准。和其他非强制的标准一样，ISO 标准是否被采用也取决于市场的需求。

2. EPCglobal

EPCglobal 是由美国统一代码委员会（Universal Code Council，UCC）和国际物品编码协会（International Article Numbering Association，IANA）共同成立的非营利性组织，它的主要职责是在全球范围内采用全球统一标准为各个行业建立和维护 EPCglobal 网络，保证物联网各环节信息的自动识别。

EPCglobal 制定了标准开发过程规范，规范了 EPCglobal 各部门的职责及标准开发的业务流程，对递交的标准草案进行多方审核，确保制定的标准具有很强的竞争力。EPCglobal 提供的主要服务如下：

① 分配、维护和注册 EPC 管理者代码；

② 为用户提供 EPC 技术和 EPC 网络相关内容的教育和培训；

③ 参与 EPC 商业应用案例实施和 EPCglobal 网络标准的制定；

④ 参与 EPCglobal 网络及其网络组成、研究开发和软件系统等规范的制定和实施。

3. 其他组织

其他 RFID 标准化组织还包括各区域、国家、行业等标准组织。

日本的泛在中心制定 RFID UID 标准的思路类似 EPCglobal，目标也是构建一个完整的标准体系，即从编码体系、空中接口协议到泛在网络体系结构，但其在很多细节方面与 EPC 系统还存在差异。

韩国利用国内移动通信技术的发展优势，把 RFID 和移动通信技术结合起来，从 2000 年开始在系统架构、编码格式、空中接口、安全隐私等方面开展相关的标准化工作，并以此为突破口，主导国际标准的制定。

与 RFID 应用相关的国际标准化机构有 ITU、万国邮政联盟等；区域性标准化机构，如欧洲标准化委员会等；国家标准化机构，如英国标准协会等；行业组织，如世界海关组织等。

2.3 RFID 应用

RFID 技术应用于物流、制造、公共信息服务等行业，可大幅提高应用行业的管理能力和运作效率、降低环节成本、扩大市场覆盖和增加盈利。同时，RFID 本身也将成为一个新兴的高技术产业群，成为物联网产业的支柱性产业。

RFID 发展潜力巨大，前景广阔。因此，研究 RFID 技术、应用 RFID 开发项目、发展 RFID 产业，对提升信息化整体水平、促进物联网产业的高速发展、提高人民生活质量、增强公共安全等方面有深远的意义。

RFID 应用系统正在由单一识别向多功能方向发展，国家正在推行 RFID 示范性工程，推动 RFID 实现跨地区、跨行业应用。

1. 在交通信息化方面的应用

利用 ETC 系统收费是世界上先进的路桥收费方式。该方式是通过安装在车辆风窗玻璃上的车载电子标签与收费站 ETC 车道上的微波天线之间的微波专用短程通信，利用计算机联网技术与银行后台结算处理技术达到车辆通过路桥收费站不需停车而又能交纳路桥费的目的。ETC 车载电子标签如图 2.24 所示。

图 2.24　ETC 车载电子标签

2. 在工业自动化方面的应用

RFID 在工业自动化方面的应用包括产品质量追踪和设备状态监控。图 2.25 为汽车发动机质量追踪系统工作原理示意。生产线上安装 RFID 读写器，发动机托盘上安装 RFID 卡，发动机上线即写入汽车发动机条码信息，每个岗位可根据读取的条码信息将对应的加工数据通过以太网传输到服务器，从而实现对汽车发动机生产过程的质量监控。

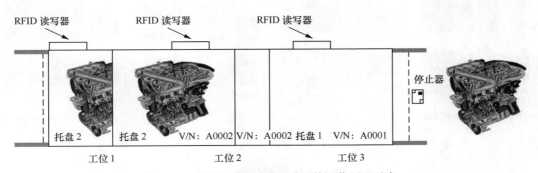

图 2.25　汽车发动机质量追踪系统工作原理示意

3. 在物流与供应链管理中的应用

RFID 在物流与供应链管理中的应用包括航空和邮政包裹的识别、集装箱自动识别、智能托盘及其在仓储管理中的应用。在包裹上贴 RFID 标签，工作人员通过手持式的阅读器读取，即可在计算机上获取标签信息，再通过计算机网络查询资料中心数据库获取包裹的所有信息，从而实现对包裹的跟踪、管理。RFID 在物流与供应链管理中的应用如图 2.26 所示。

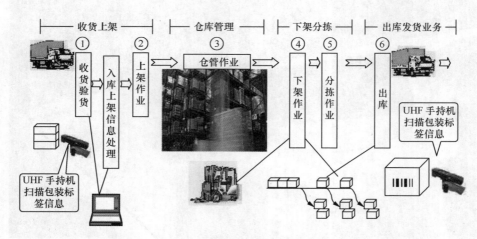

图 2.26　RFID 在物流与供应链管理中的应用

4. 在食品、药品安全及追溯方面的应用

如图 2.27 所示，物品追溯系统基于采用 RFID 技术、计算机网络技术、数据库技术的信息查询管理系统。在养殖场为每头猪戴上电子耳标，记载其相关信息，并将相关信息采集到计算机上；在屠宰场轨道挂钩上安装电子标签，标签记录屠宰信息，销售管理人员在分割加工厂安装分割标签记录相关信息，所有的信息在分销零售计算机上均可查询。

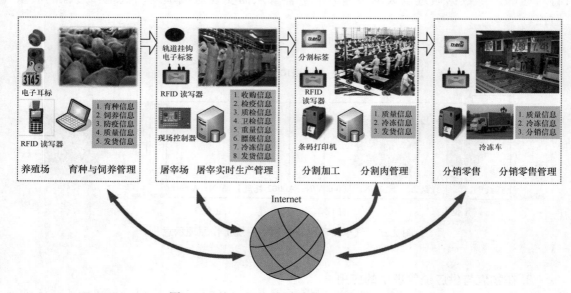

图 2.27　基于 RFID 的猪肉信息查询管理系统

5. 在门票管理系统的应用

北京奥运会门票首次采用了芯片嵌入式技术（RFID）。持票者进入比赛场馆时，只需在检测仪器上刷一下手中的门票即可。RFID 技术的应用提高了门票的防伪能力与检票速度。另外，门票还详细记录了购票时间、地点、入场时间、座位区域等信息，使赛场的安全秩序管理更加方便。

6. 在图书资料管理中的应用

如图 2.28 所示，图书馆采用了无线感应门、RFID 书签、计算机软硬件技术等物联网技术，实现了自动借还书及图书的盘点、寻找、顺架等管理。

图 2.28　基于 RFID 的图书馆图书管理系统

7. 在门禁、考勤管理中的应用

如图 2.29 所示，门禁系统采用 RFID 技术、计算机软硬件技术、数据库技术等物联网技术，实现了门禁管理。

图 2.29　基于 RFID 的门禁管理系统

8. 在人员追踪管理中的应用

如图 2.30 所示，新生儿管理系统采用 RFID 技术、传感器技术、计算机网络技术、计算机软硬件技术、数据库技术等，实现了新生儿管理。

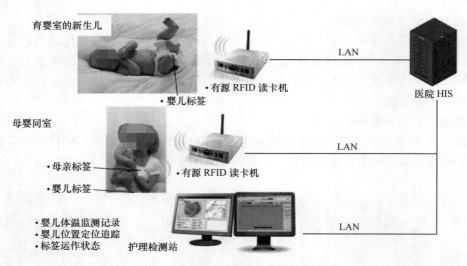

图 2.30　基于 RFID 的新生儿管理系统

大开眼界

　　校园一卡通是数字化校园的重要组成部分，是贯穿数字化校园中各种应用的一条主线。校园一卡通系统与数字化校园系统整合后，学生和教职员工可以通过一张卡片，方便地使用校内的各种应用，而学校也可以通过一卡通系统，实现更加方便、高效的校园管理。一卡通系统可应用于校园各种信息化应用中：作为身份识别的手段，该系统可以实现机房管理、考勤、门禁、查询成绩、借阅图书、学校医务所挂号、查询网上资料等功能；作为电子交易的手段，该系统可将现金集中于学校财务部门，进行集中管理，持卡人可以使用卡片进行校园内的小额消费，如公共机房上机收费、缴纳住宿费和学杂费，以及其他各种为学生和教师服务的项目；作为金融服务手段，该系统可以通过校园一卡通平台延伸银行金融服务，覆盖整个校园，提供查询银行信息（余额、明细）、交纳大额费用等服务；同时，校园一卡通系统为实现师生的基本信息查询（如课程成绩、学籍学分、教学情况）、管理信息查询、后勤信息查询、消费统计分析查询，以及领导宏观管理的综合查询等，提供了一个统一、简便、快捷的平台，且它可以与学校的各种管理信息系统无缝连接，作为信息化系统的纽带促进"数字化校园"的建设。

知识总结

　　1. 光学识别技术、语音识别技术、图像识别技术、生物识别技术。
　　2. RFID 概念和系统组成、RFID 标签、RFID 技术标准及应用。

思考与练习

　　1. RFID 的全称是什么？
　　2. RFID 标签主要由哪些部分组成？试简述其工作原理。

3. RFID 标签是如何分类的? 各类的特点如何?

实践活动: 调研RFID与物联网的关系

一、实践目的

1. 熟悉 RFID 的产业化情况。

2. 了解 RFID 技术给物联网带来的影响。

二、实践要求

各学员通过调研、搜集网络数据等方式完成。

三、实践内容

1. 调研 RFID 技术发展情况。

2. 调研物联网发展情况。

3. 分组讨论: 针对 RFID 技术作为物联网关键技术之一所带来的影响, 学员从正、反两个角度进行讨论, 提出 RFID 技术在物联网发展的道路上所起到的作用。

第3章　传感器技术

课程引入

　　小明最近买了一款中兴的手机，他发现这款手机有非常多的功能，该手机不仅可以指纹解锁，还可以通过人脸识别来进行解锁，功能非常强大。现在小明有了疑问：这款手机是如何实现这些功能的？它的工作原理是什么？带着这样的疑问，我们和小明一起来研究手机上的传感器，探索传感器的未知世界。

　　智能手机已经深入并广泛应用到人们的日常生活、工作和学习中，人们对智能手机的要求也越来越高。智能手机是如何智能化的？例如，智能手机是如何实现自动转屏等各种功能的？其实，这些功能的实现都是传感器的功劳。

学习目标

　　1. 识记：传感器的定义、组成。

　　2. 领会：传感器的工作原理。

　　3. 应用：传感器的应用。

3.1　传感器概述

3.1.1　传感器的定义

　　在楼宇中，烟雾传感器利用烟敏电阻来测量烟雾浓度，从而达到报警的目的。手机、数码照相机的拍照功能是利用光学传感器来进行图像捕获的。生活中的传感器如图3.1所示。

　　传感器已经得到非常广泛的应用，在日常生活中处处都有它们的身影，那么究竟什么是传感器，如何来确认一个传感器呢？下面我们就来介绍传感器的相关知识。

　　传感器一般是指能感受到被测量对象的信息并按一定规律将其转换成可用输出信号的器件或装置。传感器是一种信息读取、转换装置，也是一种能把物理量、化学量或生物量等按照一定规律转换为与之有确定对应关系的、便于信息传输、处理、存储、显示、记录与控制等的某种物理量的元器件或装置。这里包含以下几方面的含义。第一，传感器是测量器件或装置，可以完成一定的检测任务。它的输入量是可以被测量的，可能是物理量，也可能是化学量、生物量等。它的输出量是某种物理量，这种量要便于传输、处理、显示与控制等，这种量可以是气、光、磁、电，也可以是电阻、电容、电感的变化量等。第二，输出、输入有确定的对应关系，且应有一定的精度。由于电学量（电压、电流、电阻等）便于测量、转换、传输与处理，因此当今的传感器绝大多数是以电信号输出的，我们可以简单地认为，传感器是一种能把物理量、化学量或生物量转变成便于利用的电信号的器件或装置，或者说，传感器是一种把非电学量转变成电学量的器件或装置。生物传感器的检测流程如图 3.2 所示。

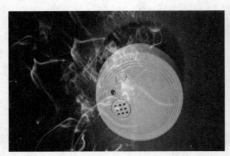

图 3.1　生活中的传感器

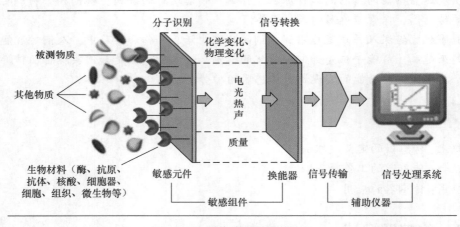

图 3.2　生物传感器的检测流程

3.1.2　传感器的组成

传感器是由敏感元件、转换元件、信号调理与转换电路、电源组成的，如图 3.3 所示。

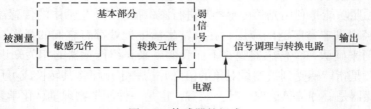

图 3.3　传感器的组成

敏感元件是能直接感受（或响应）被测信息（通常为非电学量）的元件，或能敏锐地感受某种物理、化学、生物的信息并将其转变为某种可用信息的装置。

转换元件（或称传感元件）是能将敏感元件感受（或响应）的信息转换为电信号的元件。它是利用各种物理效应或化学效应等原理制成的。

信号调理与转换电路（又称二次仪表）将转换元件输出的电信号放大，并转变成易于处理、显示和记录的信号。信号调理与转换电路的类型视传感器的类型而定，通常有电桥电路、放大器电路、变阻器电路和振荡器电路等。

电源的作用是为传感器提供能源，需要外接电源的传感器称为无源传感器，不需要外接电源的传感器称为有源传感器。例如，电阻、电感和电容式传感器就是无源传感器，工作时需要外接供电电源；压电式传感器、热电偶是有源传感器，工作时不需要外接电源供电。

3.1.3 传感器的应用

传感器的应用已渗透到宇宙开发、海洋探测、军事国防、环境保护、资源调查、医学诊断、生物工程、商检质检，甚至文物保护等领域。毫不夸张地说，几乎每个现代化项目，都离不开各种各样的传感器。传感器技术在发展经济、推动社会进步方面有十分重要的作用。

例如，利用传感器可以对水质、空气等进行监测，如对空气中的 PM2.5 进行监测，如图 3.4 所示。

图 3.4　PM2.5 监测

又如，用于测量物体重量（质量）的电子装置称为电子秤，如图 3.5 所示。与机械秤相比，它不仅可以测量物体的质量，还可以将采集的数据传送到数据处理中心，使其作为在线测量或自动控制的依据。

电子秤的种类很多，如家用的小量程电子秤、健康秤，适合便利店、超市等场所使用的条码秤、计价秤、计重秤、收银秤，适合仓库、车间、货场、集贸市场、工地等场所使用的电子平台秤，适合吊装物料称量的吊钩秤，适合港口、仓储、工厂等场所使用的电子汽车衡等。电子秤的核心是重量检测模块，主要由称重传感器、放大电路、模/数（A/D）转换电路、显示或控制电路组成。

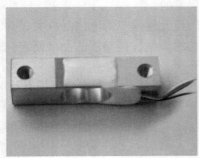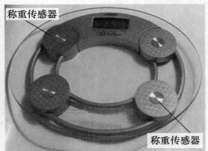

图 3.5　电子秤

▶▶ 3.2　传感器的原理与特性指标

3.2.1　传感器的原理

物理传感器应用的是物理效应，如压电效应、磁致伸缩效应，离化、极化、热电、光电、磁电等效应。物理传感器最终将被测信号量的微小变化转换成电信号。

化学传感器包括以化学吸附、电化学反应等现象为因果关系的传感器，它也是将被测信号量的微小变化转换成电信号。

生物传感器是利用各种生物或生物物质制成的，用于检测与识别生物体内化学成分的传感器。在生物传感器中，生物或生物物质是指酶、微生物、抗体等，它们的高分子具有特殊的性能，能精确地识别特定的原子和分子。生物传感器一般是在基础传感器上再耦合一个生物敏感膜，也就是说，生物传感器是半导体技术与生物工程技术的结合。

现在激光传感器越来越受到工业控制领域的青睐，它不仅应用广泛，更主要的是利用激光的强方向性、高单色性和高亮度等特点可实现无接触远距离测量。激光传感器常用于距离、速度、方位等物理量的测量，还可用于探伤检测和大气污染物的监测等。

3.2.2　传感器的特性指标

1. 静态特性

传感器的静态特性是指对于静态的输入信号，传感器的输出量与输入量之间所具有的相互关系。表征传感器静态特性的主要参数有线性度、灵敏度、分辨率、迟滞、重复性、漂移、精度等。

① 线性度：传感器输出量与输入量之间的实际关系是曲线偏离拟合直线的程度。

② 灵敏度：传感器静态特性的一个重要的指标，其定义为输出量的增量与引起该增量的相应输入量增量之比。

③ 分辨率：传感器可感受到的被测量的最小变化的能力。也就是说，如果输入量从某一非零值缓慢地变化，当输入变化值未超过某一数值时，传感器的输出不会发生变化，即传感器对此输入量的变化是分辨不出来的。

④ 迟滞：传感器在输入量由小到大（正行程）及输入量由大到小（反行程）变化期间，其输入/输出特性曲线不重合的现象。

⑤ 重复性：传感器在输入量按同一方向做全量程连续多次变化时，所得特性曲线不一致的程度。

⑥ 漂移：在输入量不变的情况下，传感器输出量随时间变化的现象。产生漂移的原因有两个：一是传感器自身结构参数，二是周围环境（如温度、湿度等）。

⑦ 精度：测量结果的可靠程度，是测量中各类误差的综合指标，误差越小，传感器的精度越高。传感器的精度用其量程范围内的最大基本误差与满量程输出之比的百分数表示。基本误差是传感器在规定的正常工作条件下所具有的测量误差，由系统误差和随机误差组成。

2. 动态特性

动态特性是指传感器在输入变化时的输出特性。在实际工作中，传感器的动态特性常以它对某些标准输入信号的响应来表示。

最常用的标准输入信号有阶跃信号和正弦信号两种，所以传感器的动态特性也常用阶跃响应和频率响应来表示。

3.3　传感器的分类与发展趋势

3.3.1　传感器的分类

传感器的种类很多，其实物如图 3.6 所示。

1. 按能量供给方式分类

按能量供给方式，传感器可以分为有源传感器和无源传感器两大类。

有源传感器能有意识地向被测物体施加某种能量，并将来自被测物体的反馈信息转变成另一种能量形式。因此，有源传感器又称为能量转换性传感器或换能器，如压电式传感器、热电式传感器、磁电式传感器等都属于有源传感器。压电式传感器如图 3.7 所示。

无源传感器则只是被动地接收来自被测物体的信息，如光纤传感器、温/湿度传感器等。光纤传感器如图 3.8 所示。

图 3.6　传感器实物

图 3.7　压电式传感器　　　　　　　　　　图 3.8　光纤传感器

2. 按工作原理分类

按照工作原理，传感器可以分为物理传感器和化学传感器两大类。化学传感器如图 3.9 所示。

图 3.9　化学传感器

3. 按功能分类

按照功能，传感器可分为众多种类，如压力／扭力传感器、温／湿度传感器、位移传感器、水位传感器、电流传感器、速度／加速度传感器、振动传感器、磁敏传感器、气压传感器、生物传感器、气敏传感器、红外传感器、视频传感器等。温／湿度传感器如图 3.10 所示。

4. 按制作材料分类

按照制作材料的不同，传感器可分为陶瓷压力传感器、半导体传感器、复合材料传感器、金属材料传感器、高分子材料传感器、纳米材料传感器和生物材料传感器等。陶瓷压力传感器如图 3.11 所示。

5. 按输出信号分类

按照输出信号的不同，传感器可以分为模拟传感器和数字传感器两种。

模拟传感器将被测量转变成模拟电信号，数字传感器则输出数字信号。因为数字传感器有利于数据处理，所以发展很快。例如，DS18B20 单线数字温度传感器，为"一线器件"，具有独特的优点，如图 3.12 所示。

① 采用单总线的接口方式。传感器与微处理器连接时，仅需要一条口线即可实现微处理器与 DS18B20 的双向通信。单总线具有经济性好、抗干扰能力强、适合于恶劣环境的现场温度测量、使用方便等优点，使用户可轻松地组建传感器网络，为测量系统的构建

引入全新概念。

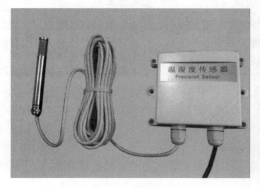

图 3.10　温 / 湿度传感器

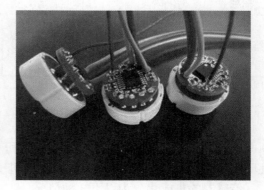

图 3.11　陶瓷压力传感器

② 测量温度范围广，测量精度高。DS18B20 的测量范围为 –55℃～ +125℃。DS18B20 的测量范围为 –10℃～ +85℃时，其精度为 ±0.5℃。

③ 在使用时不需要任何外部元件。

④ 支持多点组网功能。多个 DS18B20 可以并联在唯一的单线上，实现多点测温。

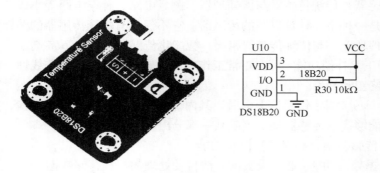

图 3.12　DS18B20 单线数字温度传感器

3.3.2　传感器的发展趋势

传感器与传感器技术的发展水平既是衡量一个国家综合实力的重要标志，又是判断一个国家科学技术现代化程度与生产水平高低的重要依据。传感器的发展阶段见表 3.1。

表 3.1　传感器的发展阶段

阶段	时间阶段	总体发展情况	主要进展
第一阶段	1950—1969 年	结构型传感器出现	1967 年，齐亚斯和约翰·伊根申请了边缘约束的硅膜片的专利； 1969 年，凯勒申请了批量预制硅传感器的专利
第二阶段	1970—1999 年	固体型传感器逐渐发展	利用热点效应、霍尔效应、光敏效应，分别制成热电偶传感器、霍尔传感器、光敏传感器

（续表）

阶段	时间阶段	总体发展情况	主要进展
第三阶段	2000年至今	智能型传感器出现并快速发展	发展带有微处理机，并具有采集、处理、交换信息能力的智能传感器，以及有自组网技术、人工智能技术植入的智能型集成传感器

1. 传感器的小型化、集成化

为了满足航空航天和医疗器械的需要，以及降低传感器对被测对象的影响，传感器必须向小型化方向发展，以便减小仪器的体积和减轻质量。同时，为了减少转换、测量和处理环节，传感器也应向集成化方向发展，并进一步减小体积、增加功能，提高稳定性和可靠性。

传感器的集成化分为以下 3 种情况。

① 具有同样功能的传感器集成在一起，从而使一个点的测量变成对一个面和空间的测量。

② 不同功能的传感器集成在一起，从而形成一个多功能或具有补偿功能的传感器。

③ 将传感器与放大、运算及补偿等环节一体化，将其组装成一个具有处理功能的器件。

2. 传感器的智能化

智能化传感器是传统传感器与微处理器、测量电路、补偿电路等集成在一起或组装在一起的器件，是一种带"计算机"的传感器。它不仅具有传统传感器的感知功能，还具有判断和信息处理功能。与传统传感器相比，智能化传感器具有以下特点。

① 具有修正、补偿功能：可在正常工作中通过软件对传感器的非线性、温度漂移、响应时间等进行修正和补偿。

② 具有自诊断功能：传感器上电后，其内部程序就对传感器进行自检，如果某一部分出现了问题，能够提示传感器某一点或某一部分出现了故障。

③ 具有多传感器融合和多参数测量功能。

④ 具有数据处理功能：通过设置的算法自动处理数据和存储数据。

⑤ 具有通信功能：可以将传感器获取的数据通过总线将测量结果传输给信息处理中心，信息处理中心也可以将算法或阈值等传输给传感器，从而实现了信息的传输与反馈。

⑥ 可设置报警功能：利用传感器的通信功能，工作人员可以通过总线设置报警的上限值和下限值。

3. 传感器的网络化

我们将多个传感器通过通信协议连接在一起就组成了一个传感器网络。特别是传感器与无线技术、网络技术相结合，催生出一种新型网络——传感器网络或物联网。无线传感器网络的组成如图 3.13 所示。

4. 生物传感器

生物传感器是一种对生物物质敏感，并将其浓度转换为电信号进行检测的仪器。生物传感器是由识别元件（采用固定化的生物敏感材料，包括酶、抗体、抗原、微生物、细胞、组织、核酸等生物活性物质）、适当的理化换能器（如氧电极、光敏管、场效应管、压电晶体等）及信号放大装置构成的分析工具或系统。生物传感器具有接收器与转换器的功能。利用肌肉生物电识别手势的智能手环 MYO 如图 3.14 所示。

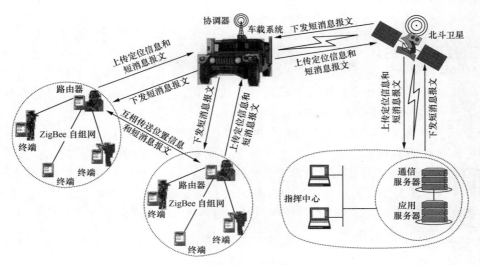

图 3.13　无线传感器网络的组成

图 3.14　利用肌肉生物电识别手势的智能手环 MYO

📖 大开眼界

　　手机上有重力传感器、加速度传感器、光线传感器、陀螺仪传感器、距离传感器等。

　　① 重力传感器：通过压电效应实现。重力传感器内部有一块重物与压电片整合在一起，通过正交两个方向产生的电压大小来计算出水平的方向。其应用在手机中时，可用来切换横屏与直屏方向。在一些游戏中我们也可以通过重力传感器来实现更丰富的交互控制，如平衡球、赛车游戏等。

　　② 加速度传感器：加速度传感器与重力传感器类似，但也有很大的差别。加速度传感器是多个维度测算的，主要测算一些瞬时加速或减速的动作。加速度传感器可以检测交流信号及物体的振动，其典型的应用就是计步器功能。人在走动的时候会产生一定规律性的振动，而加速度传感器可以检测振动的过零点，从而计算出人所走的步数或跑步的步数，从而计算出人所移动的位移，并且利用一定的公式可以计算出热量的消耗。

　　③ 光线传感器：光线传感器其实与人的眼睛有些相似。人的眼睛在不同光线环境下，能够调节进入眼睛的光线。而光线传感器则是根据不同光线环境来调整手机屏幕的亮度，

从而降低电量的消耗，增强手机的续航能力。它一般应用于手机屏幕亮度自动调节。

④陀螺仪传感器：陀螺仪传感器是一个简单易用的基于自由空间移动和手势的定位和控制系统。它原本应用在直升机模型上，现已广泛应用于手机等移动便携设备。陀螺仪传感器能够测量沿一个轴或几个轴动作的角速度，是补充 MEMS（微机电系统）加速度计（加速度传感器）功能的理想技术。

⑤距离传感器：距离传感器由红外发光二极管（Light Emitting Diode，LED）和红外辐射光线探测器组成。在手机中，其位置大概在手机听筒的附近。其工作原理是红外 LED 发出的不可见红外光射向附近的物体，经反射后，被红外辐射光线探测器探测，一般距离传感器是配合光线传感器一起使用的，用于防止通话中的误操作。在通话时，当耳朵接近距离传感器时，传感器接到信号后随即把显示屏关闭，从而防止用户在通话过程中，误触到屏幕影响通话。

知识总结

1. 传感器的基本概念、基本结构、工作原理、分类。
2. 传感器的特性指标。
3. 传感器的应用领域与发展趋势。

思考与练习

1. 传感器的基本组成是什么？
2. 传感器有哪几种分类？各分为什么类型传感器？
3. 传感器的应用领域主要有哪些？

实践活动：调研我国传感器市场发展现状

一、实践目的
1. 熟悉我国传感器的产业化情况。
2. 了解我国传感器技术在全球范围所处的位置。
二、实践要求
各学员通过调研、搜集网络数据等方式完成。
三、实践内容
1. 调研传感器全球市场分布情况。
2. 调研我国传感器技术发展情况，完成下面内容的补充。
时间：
传感器企业：
主营传感器领域：
3. 分组讨论：针对传感器技术作为物联网关键技术之一，未来我国要发展物联网，对我国传感器行业发展做出预测，学员从正、反两个角度进行讨论，提出传感器产业化的利益关系。

第4章 物联网传输网络技术

课程引入

有一天，小明在家突然上不了网了，屏幕右下角显示一个红色的叉号，重启路由器和重启计算机后仍然无法上网。晚上还要赶一份报告呢，没网络可怎么查数据啊！

小明赶紧给师父打电话寻求帮助，师父给了他几个建议：

① 先用手机分享热点，先上网，坚持过今晚再让运营商来修理。

② 通过检查路由器上状态灯和进入 192.168.0.1 进行路由器设置、修改 DNS 等。

小明听了脑子里一团乱，以前大学确实学了这些理论知识，但是没有实践过，TCP/IP、DNS、路由器、交换机、Wi-Fi、热点、运营商，这些知识已经记不太清楚了，现在不会设置，更不知道怎么改。

上述关键词都是什么意思呢？在互联网时代，它们都起着什么作用呢？本章就带大家进入互联网的世界。

学习目标

1. 了解：计算机网络的定义。
2. 领会：计算机通信原理和移动通信技术原理。
3. 应用：物联网近距离无线通信技术的特点及应用。

▶▶ 4.1 初识计算机网络

4.1.1 通信技术的发展

在学习计算机网络的定义前，我们先介绍通信技术的发展。

通信是人与人或人与自然之间通过某种行为或媒介进行的信息交流与传递。在古代，人们使用语言、手势和动作表达思想，之后人们发明了文字，通过刻画、写字等方式，将文明保留了下来。在古代，打仗的时候，人们通过击鼓、烽火狼烟来传递军事命令，通过飞鸽传书、信使驿站传递书信。

到了近代，人们发明了电报，这标志着通信进入了电信的时代。在电信时代，电报、电话、传真等通信方式给人们的生活带来了极大的方便。

随着时代的发展，人们对信息传递的需求越来越旺盛，希望传递的信息也不再限于语音通话，人们希望传递音乐、图片、文字甚至是视频。为了满足人们的需求，通信技术进一步发展，进入了信息时代。信息数据的发展如图 4.1 所示。

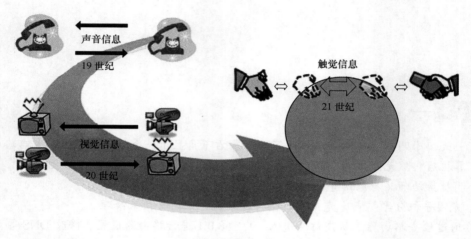

图 4.1　信息数据的发展

在信息时代，所有的东西都实现了数字化，人们可以通过计算机传递文件，互相分享、传播。这些信息的传输以数据通信为基础，那么什么是数据通信呢？

4.1.2　数据通信的定义

数据通信是通信技术和计算机技术相结合而产生的一种通信方式。其定义为：依照一定的通信协议，将数据信息（图像、声音、文字、视频等）与通信网络相结合，利用数据传输技术在两个终端之间传递数据信息的一种通信业务与方式。数据通信可以实现计算机和计算机、计算机和终端以及终端与终端之间的数据信息传递。信息数据的传递如图 4.2 所示。

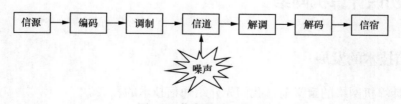

图 4.2　信息数据的传递

4.1.3 计算机网络的定义

计算机网络就是把地理上分散的计算机与外接设备利用通信线路互连成一个系统，从而使众多计算机可以方便地交互信息，共享资源，具体如图 4.3 所示。

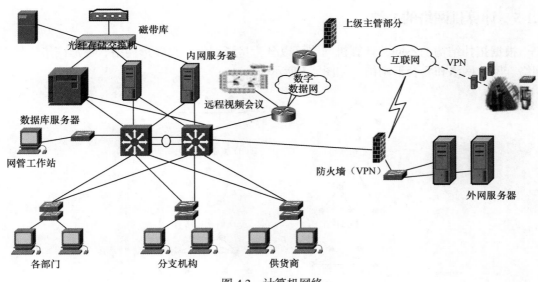

图 4.3 计算机网络

4.1.4 计算机网络的组成与功能

计算机网络的组成如图 4.4 所示。

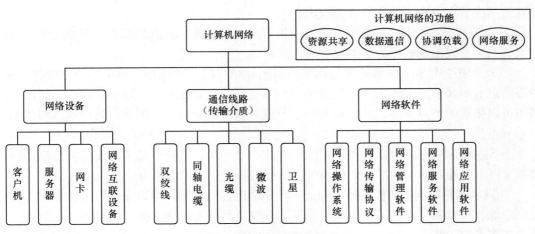

图 4.4 计算机网络的组成

计算机网络的功能如下。

①资源共享：交流的双方可以跨越空间的障碍，随时随地传递信息。

②数据通信：数据通过网络传递到服务器中，由服务器集中处理后再送回到终端。

③协调负载：负载均衡与分布处理。

④网络服务：多维化发展，在一套系统上提供集成的信息服务，包括政治、经济等方面的信息资源，同时还提供多媒体信息，如图像、语音、动画等。

4.1.5　计算机网络的分类

根据拓扑结构的不同，计算机网络可以分为星形网络、总线形网络、树形网络、环形网络、网状网络和复合形网络，如图4.5所示。

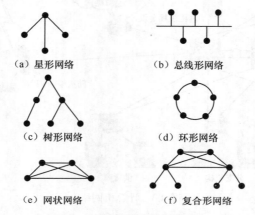

（a）星形网络　　　（b）总线形网络
（c）树形网络　　　（d）环形网络
（e）网状网络　　　（f）复合形网络

图4.5　计算机网络的分类

不同拓扑结构都有其各自的特点，具体介绍如下。

①星形拓扑结构：节点围绕中心节点，特点是严重依赖于中心节点，适用于主从结构，一旦中心节点异常，其他节点都会失去联系。其他节点的通信也需要将数据经过中心节点转发给相应节点，中心节点的负荷较大。

②总线形拓扑结构：所有节点通过一根"总线"连接。特点是线少，但总线的数据量较大，一旦总线出现故障，节点就会失去联系。

③树形拓扑结构：树形拓扑结构是星形拓扑结构的一种延伸，从中心节点延伸出去，中心节点的附属节点又作为下一层级的中心节点。特点是相对于星形拓扑结构，树形拓扑结构可以拓展的节点更多，并且可为中心节点分担一部分压力。但是，其严重依赖于顶层中心节点。

④环形拓扑结构：全部节点通过线路连成一个环形，其特点是节省线路。传输线路中数据量巨大，相距较远的节点间传输时，数据需要经过线路中的每个节点中转。

⑤网状拓扑结构：网状拓扑结构是一种非常理想的类型，可以保证每个数据节点都可以稳定地收发数据且互相不会影响。但是，其缺点是需要的线路多，每增加一个节点，就要增加很多的线路。

⑥复合形拓扑结构：复合形拓扑结构是计算机网络发展的终极结构。通过划分层级，核心网络使用网状结构，确保数据的传输，保证不会因为线路损坏而断路；而在节点使用

树形拓扑结构或星形拓扑结构，确保满足节点的数量要求。

4.1.6 计算机网络的发展

早期，人们将彼此独立发展的计算机技术与通信技术结合起来，并对数据通信与计算机通信网络进行研究，从而为计算机网络的出现做好了技术准备，奠定了理论基础。下面我们来介绍互联网的发展。

阶段一，从单个网络向互联网发展。1969 年，美国国防部高级研究计划署创建了第一个分组交换网 ARPAnet。它只是一个单个的分组交换网，所有想连接在其上的主机都直接与就近的节点交换机相连。它的规模增长很快，到 20 世纪 70 年代中期，人们认识到仅使用一个单独的网络无法满足所有的通信需求。于是美国国防部高级研究计划署开始研究网络互联的技术。1983 年，TCP/IP 成为 ARPAnet 的标准协议。同年，ARPAnet 分解成两个网络，一个是进行试验研究用的科研网 ARPAnet，另一个是军用的计算机网络 MILnet。1990 年，ARPAnet 因试验任务完成正式宣布关闭。

阶段二，建立三级结构的 Internet。1985 年，美国国家科学基金会认识到计算机网络对科学研究的重要性。1986 年，美国国家科学基金会围绕 6 个大型计算机中心建设计算机网络 NSFnet。它是一个三级网络，分主干网、地区网、校园网，代替 ARPAnet 成为 Internet 的主要部分。1991 年，美国国家科学基金会和美国政府认识到 Internet 不会仅限于大学和研究机构，于是开始支持地方网络接入。许多公司的加入，使网络的信息量急剧增加，美国政府决定将 Internet 的主干网转交给私人公司经营，并开始对接入 Internet 的单位收费。

阶段三，多级结构 Internet 的形成。自 1993 年开始，美国政府资助的 NSFnet 逐渐被若干商用的 Internet 主干网替代，这种主干网的供应商又称 Internet 服务提供者（Internet Service Provider，ISP）。考虑到 Internet 商用化后可能会出现很多 ISP，Internet 服务提供者为了使不同 ISP 经营的网络能够互通，美国在 1994 年创建了 4 个网络接入点（Network Access Point，NAP）分别由 4 个电信公司经营。21 世纪初，美国的 NAP 就达到了十几个。NAP 是最高级的接入点，它主要向不同的 ISP 提供交换设备，使它们相互通信。Internet 已经很难对其网络结构给出很精细地描述，但 Internet 大致可分为以下几个接入级：NAP 多个公司经营的国家主干网、地区 ISP、本地 ISP、校园网及企业或家庭计算机上网用户。

阶段四，物联网等其他以互联网为核心和基础的网络。

4.1.7 OSI 参考模型

OSI 网络参考模型的全称是开放系统互连参考模型（Open System Interconnection Reference Model，OSIRM），是 ISO 和国际电话电报咨询委员会（International Telegraph and Telephone Consultative Committee，CCITT）联合制定的参考模型，为开放式互连信息系统提供了一种功能结构的框架。该模型从低到高分别是物理层、数据链路层、网络层、传输层、会话层、表示层和应用层，如图 4.6 所示。

OSI 参考模型是计算机网络体系结构发展的产物。该模型把开放系统的通信功能划分为 7 个层次，从邻接物理媒体的层次开始，分别赋予 1 ~ 7 层的顺序编号，每一层的功能是独立的。该模型中的各层利用其下一层提供的服务为其上一层提供服务，而与其他层的具体实现无关。这里所谓的"服务"就是下一层向上一层提供的通信功能和各层之间的会话规定，一般用通信服务实现。两个开放系统中同等层之间的通信规则和约定称为协议。我们通常把 1 ～ 4 层协议称为下层协议，5 ～ 7 层协议称为上层协议。下面，我们从上向下依次介绍每一层的功能。

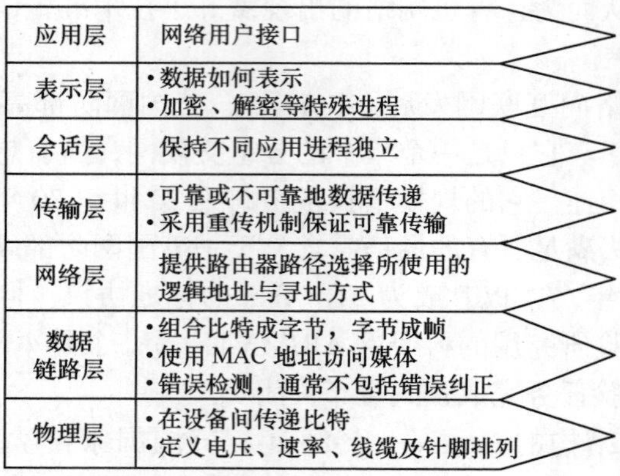

应用层	网络用户接口
表示层	·数据如何表示 ·加密、解密等特殊进程
会话层	保持不同应用进程独立
传输层	·可靠或不可靠地数据传递 ·采用重传机制保证可靠传输
网络层	提供路由器路径选择所使用的 逻辑地址与寻址方式
数据 链路层	·组合比特成字节，字节成帧 ·使用 MAC 地址访问媒体 ·错误检测，通常不包括错误纠正
物理层	·在设备间传递比特 ·定义电压、速率、线缆及针脚排列

图 4.6　OSI 参考模型

① 应用层：用户的应用程序与网络之间的接口，相当于公司中的老板。

② 表示层：协商数据交换格式，相当于公司中替老板写信的助理。

③ 会话层：允许用户使用简单易记的名称建立连接，相当于公司中收寄信、写信封与拆信封的秘书。

④ 传输层：提供终端到终端的可靠连接，相当于公司中跑邮局的送信职员。

⑤ 网络层：使数据包通过各节点进行传送，相当于邮局中的排序工人。

⑥ 数据链路层：决定访问网络介质的方式，相当于邮局中的装拆箱工人。

⑦ 物理层：将数据转换为可通过物理介质传送的电子信号，相当于邮局中的搬运工人。

4.1.8　TCP/IP

TCP/IP 是 Transmission Control Protocol/Internet Protocol 的缩写，中文名称为传输控制协议 / 因特网互联协议，又名网络通信协议。TCP/IP 是 Internet 的基本协议，也是 Internet 的基础，由网络层的 IP 和传输层的 TCP 组成。TCP/IP 定义了电子设备如何接入 Internet，以及数据如何在它们之间传输的标准。该协议采用 4 层的层级结构，每一层都通过呼叫它的下一层所提供的协议来完成自己的需求。通俗而言，TCP 负责发现传输的问题，一有问题就发出信号，要求重新传输，直到所有数据安全正确地传送到目的地。IP 的功能是给 Internet 的每一台联网设备规定一个地址。OSI 参考模型和 TCP/IP 模型的对比如图 4.7 所示。

在 TCP/IP 模型中，网际层接收由更低层（网络接口层，如以太网设备驱动程序）发来的数据包，并把该数据包发送到更高层——传输层；另外，网络层也把从传输层接收来的数据包传送到更低层。IP 数据包是不可靠的，因为 IP 并没有做任何事情来确认数据包是否按顺序发送或者有没有被破坏，IP 数据包中含有发送它的主机的地址（源地址）和接收它的主机的地址（目的地址）。

OSI 参考模型						TCP/IP 模型
应用层	文件传输协议（FTP）	远程登录协议（Telnet）	电子邮件协议（SMTP）	网络文件服务协议（NFS）	网络管理协议（SNMP）	应用层
表示层						
会话层						
传输层	TCP		UDP			传输层
网络层	IP	ICMP	ARP	RARP		网际层
数据链路层	Ethernet IEEE 802.3	FDDI	Token-Ring/ IEEE 802.5	ARC net	PPP/SLIP	网络接口层
物理层						硬件层

图 4.7　OSI 参考模型和 TCP/IP 模型的对比

TCP 是面向连接的通信协议，通过三次握手建立连接，通信完成时要拆除连接，由于 TCP 是面向连接的，因于只能用于端到端的通信。

TCP 提供的是一种可靠的数据流服务，采用"带重传的肯定确认"技术来实现传输的可靠性。另外，TCP 还采用一种称为"滑动窗口"的方式进行流量控制。所谓"窗口"实际表示接收能力，用于限制发送方的发送速度。

如果 IP 数据包中有已经封好的 TCP 数据包，那么 IP 将把它们向上传送到传输层。传输层将数据包排序并进行错误检查，同时实现虚电路间的连接。TCP 数据包中包括序号和确认，所以未按照顺序收到的数据包可以被排序，而损坏的数据包可以被重传。

TCP 将信息送到更高层的应用程序，如 Telnet 的服务程序和客户程序。应用程序轮流将信息送回传输层，传输层便将它们向下传送到网际层、设备驱动程序和物理介质，最后传送给接收方。面向连接的服务（如 Telnet、FTP、SMTP）需要高度的可靠性，所以它们使用了 TCP。

UDP 面向无连接的通信协议，UDP 数据包括目的端口号和源端口号信息，由于通信不需要连接，因此可以实现广播发送。UDP 通信时不需要接收方确认，属于不可靠的传输，可能会出现丢包现象，实际应用中要求程序员编程验证。

UDP 与 TCP 位于同一层，但 UDP 不管数据包的顺序、错误或重发，因此，UDP 不应用于使用虚电路的面向连接的服务，而主要用于面向查询—应答的服务，如 NFS。相对于 FTP 或 Telnet，这些服务需要交换的信息量较少。使用 UDP 的服务包括 NTP（网络时间协议）和 DNS（DNS 也使用 TCP）。

4.2　移动通信网络

移动通信是通信技术的一种，在通信行业里具有非常重要的地位。移动通信技术的出现为人们的生活带来了极大的方便。下面我们介绍移动通信技术的相关知识。

我们常常听到广播里说，3G、4G 及 5G，到底什么是 3G、4G、5G 呢？这个 G 代表什么意思呢？实际上 G 是英文 Generation 的首字母大写，也就是"时代"的意思，1G 代表着第一代移动通信技术，依此类推，5G 就是第五代移动通信技术。每一代通信技术的发展都是一次移动通信技术的大跨越，标志着一种新技术和标准的出现。随着移动通信技术的发展，通信设备发生了较大变化，如图 4.8 所示。

图 4.8   移动通信技术发展带来的通信设备的变化

4.2.1   1G/2G 通信技术

1. 1G

1G 即第一代移动通信系统，是以模拟技术为基础的蜂窝无线电话系统，由于受到传输带宽的限制，不能进行移动通信的长途漫游，只能是一种区域性的移动通信系统。第一代移动通信有多种制式，我国主要采用的是 TACS（Total Access Communications System，全接入网通信系统）。第一代移动通信系统有很多不足之处，如容量有限、制式太多、互不兼容、保密性差、通话质量不高、不能提供数据业务和不能提供自动漫游等。

📖 大开眼界

蜂窝移动通信采用蜂窝无线组网方式，由于其正六边形结构的特点，因此可以在同样面积大小的情况下使用数量更少的基站。这种正六边形的结构和蜂巢是一模一样的，因此称为蜂窝移动通信系统，如图 4.9 所示。

蜂窝移动通信是让终端和网络设备之间通过无线通道连接起来，进而使用户在活动中可相互通信。其主要特征是终端的移动性，并具有越区切换和跨本地网自动漫游功能。蜂窝移动通信业务是指蜂窝移动通信网提供的语音、数据、视频图像等业务。

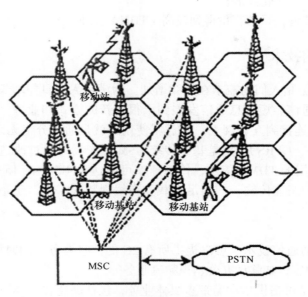

图 4.9　蜂窝移动通信系统

1G 网络的优点是使用模拟信号进行通信。1G 网络的缺点如下。

① 保密性差。因为模拟信号容易被监听，且不容易进行加密。

② 终端体积大。这受制于模拟信号设备和当时的硬件技术。

③ 容量低。因为当时的技术还无法实现更优秀的复用技术。

④ 收费高。设备贵。

⑤ 系统间无公共接口、不兼容、无法漫游。这是因为移动通信技术在当时还没有形成统一的标准，无法实现跨区域传输。

2. 2G

1982 年，欧洲电信管理部门成立 GSM（Group Special Mobile，移动特别小组），专门制定一个全欧洲通用的标准。

1989 年，GSM 标准生成。

1991 年，GSM 改名为 Global System for Mobile Communication，即全球移动通信系统，在欧洲商用。

GSM 的出现标志着第二代移动通信系统（2G）的诞生。由于 GSM 标准的开放性，世界上许多著名的通信公司在生产和提供 GSM 系统设备，因此 GSM 获得了广泛的应用，取得了巨大的商业成功。

和 1G 相比，GSM 全部采用了数字信号，使频谱利用率得到提高、容量变大、语音质量变好；而且，GSM 具有开放的接口，安全性高，可与 ISDN、PSTN 等互联，并且在全世界普及。因为 GSM 有了统一的标准，所以真正实现了全球漫游。GSM 的优点如下：

① 先有标准，后有设备；

② 安全保密性好；

③适应固定网的数字化发展；

④以数字方式传输，系统容量得到提高（TDMA 多址方式）。

4.2.2 3G/4G 通信技术

2G 大获成功，但是人们的需求在持续增加。为满足人们日益增长的通信需求，通信技术从传统的语音通信、短信息通信发展到了很多新的模式和业务，如利用彩信发送图片及音乐，用"流量"连接到互联网上。"流量"使用的就是通用分组无线服务技术（General Packet Radio Service，GPRS），其是基于传统 GSM 的产物，通过改造现有基站系统，利用 GSM 网络中未使用的 TDMA 信道，传输速率可以达 114kbit/s。但是，传统的 GSM 还无法达到人们理想的高速传输，如满足下载和在线视频等需求，于是迫切需要一种新的技术来实现。

1. 3G

3G（第三代移动通信技术）可以提供所有 2G 的信息业务，同时可提供更快的速度，以及更全面的业务内容，如移动办公、视频流服务等。

3G 的主要特征是可提供移动宽带多媒体业务，包括高速移动环境下支持 144kbit/s 速率，步行和慢速移动环境下支持 384kbit/s 速率，室内环境则应达到 2Mbit/s 的数据传输速率，同时还可保证高可靠性的服务质量。

（1）3G 通信的发展过程

1985 年，未来公共陆地移动通信系统（Futaze Pullic Land Mobile Telecommunication System，FPLMTS）概念被提出。

1991 年，ITU 正式成立 TG8/1 任务组，专门负责 FPLMTS 标准的制定工作。

1996 年，FPLMTS 更名为 IMT-2000。

1997 年，ITU 向各国发出通函，要求各国在 1998 年 6 月之前提交关于 IMT-2000 无线接口技术的候选方案。之后，ITU 一共收到 15 份有关 3G 接口的技术方案，其中包括我国自主研究制定的 TD-SCDMA 标准。

2000 年 5 月，ITU 正式公布了第三代移动通信标准，码分多址（Code Division Multiple Access，CDMA）技术以其特有的优势成为众多标准的基础。

2009 年 1 月 7 日，我国工业和信息化部分别向中国移动、中国电信、中国联通发放了 3G 牌照。其中，中国移动获得 TD-SCDMA 牌照，中国联通和中国电信分别获得 WCDMA 和 CDMA2000 牌照。

（2）3G 通信技术的特点

CDMA 移动通信网采用了蜂窝组网、扩频、多址接入及频率复用等几种技术，含有频域、时域和码域等三维信号处理的协作。因此，它具有抗干扰性好、抗多径衰落、保密安全性高、容量和质量之间可做权衡取舍、同频率可在多个小区内重复使用等属性。CDMA 复用技术如图 4.10 所示。

CDMA 明显的优势在于，它利用编码技术可以区分并分离多个同时传输的信号。它允许用户可在任何时刻、任何频段发送信号，对于冲突的信号，可以从混合信号中提取出期望的数据信号，同时拒绝其他的噪声信号。

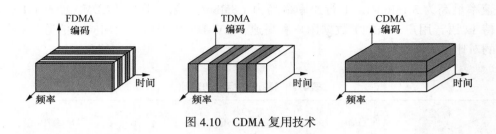

图 4.10　CDMA 复用技术

（3）3G 通信标准

1）TD-SCDMA

TD-SCDMA（Time Division-Synchronous Code Division Multiple Access）相比于 WCDMA 和 CDMA2000 起步较晚，在 1998 年 6 月，由原邮电部电信科学技术研究院向 ITU 提出。TD-SCDMA 融合众多先进技术，具有抗干扰能力强、系统容量大的特点。

TD 可分为 TD-SCDMA 和 TD-HSDPA。其中，TD-SCDMA 提供语音和视频电话等最高下行频率为 384kbit/s 的数据业务。TD-HSDPA 为数据业务增强技术，可提供 2.8Mbit/s 的下行速率。

2）WCDMA

WCDMA（Wideband Code Division Multiple Access）是由爱立信公司提出、3GPP 具体制定的基于 GSM MAP 核心网、UTRAN 为无线接口的 3G 系统。

WCDMA 技术主要是将信息扩展成 3.84MHz 后，在 5MHz 带宽内进行传输。其上行技术参数主要基于欧洲的 FMA2 方案，下行技术参数主要基于日本的 ARIB WCDMA 方案。WCDMA 技术主要包括 FDD 和 TDD。其中，FDD 工作在覆盖面积较大的范围内，可以在两个对称频率信道上进行接收和传送工作；TDD 侧重于工作在业务繁重的小范围内。

3）CDMA2000

CDMA2000 又称 CDMA Multi-Carrier，以美国高通北美公司为主导提出。WCDMA 和 TD-SCDMA 是由标准组织 3GPP 制定的，而 CDMA2000 则是由标准组织 3GPP2 制定的。CDMA2000 标准推进路线如图 4.11 所示。

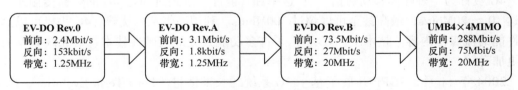

图 4.11　CDMA2000 标准推进路线

CDMA2000 1x 是 3G CDMA2000 技术的核心，1x 指使用一对 1.25MHz 无线电信道的 CDMA2000 无线技术。CDMA2000 1x 附加高数据速率（HDR）能力。

CDMA2000 1xRTT（RTT 无线电传输技术）是 CDMA2000 的一个基础层，通常被认为是 2.5G 技术，支持最高为 144kbit/s 的数据速率。

CDMA2000 1xEV 分为两个阶段。其中，第一阶段（CDMA2000 1xEV–DO）支持下行数据速率最高为 3.1Mbit/s，上行速率最高为 1.8Mbit/s。第二阶段（CDMA2000 1xEV–DV）还支持 1x 语音用户，1xRTT 数据用户和高速 1xEV–DV 数据用户使用同一信道。3 种通信标准的对比见表4.1。

表4.1　3种通信标准的对比

标准 / 内容	WCDMA	TD-SCDMA	CDMA2000
信道带宽	5MHz	1.6MHz	$N \times 1.25$MHz N=1、3、6、9、12
码片速率	3.84Mcps	1.28Mcps	$N \times 1.2288$Mcps N=1、3、6、9、12
扩频方式	DS-CDMA	DS-CDMA, SF=1、2、4、8、16	DS-CDMA和MC-CDMA
双工方式	FDD	TDD	FDD
调制方式	QPSK/BPSK	QPSK/BPSK	QPSK/BPSK
功率控制	开环结合快速闭环（1.5kHz）	开环结合快速闭环（200Hz）	开环结合快速闭环（800Hz）
基站同步	同步/异步	同步	同步

2. 4G

4G 是第四代移动通信及其技术的简称，4G 通常被用来描述相对于 3G 的下一代通信网络。实际上，4G 在开始阶段也是由众多自主技术提供商和电信运营商合力推出的，技术和效果也参差不齐。后来，ITU 重新定义了 4G 的标准——符合 100m 传输数据的速度。达到这个标准的通信技术，理论上都可以称为 4G。

4G 被称为"多媒体移动通信"，在速率和智能性上远超过 3G。4G 的数据传输速率可以达 10～20Mbit/s，最高甚至可以超过 100Mbit/s。利用高带宽的优势，4G 手机可以提供高性能的流媒体内容。技术上，4G 引入了许多功能强大的突破性技术，对无线频率的使用更加有效。

2004 年 11 月，3GPP 开展了基于 3G 系统的长期演进（Long Term Evolution，LTE）研究项目。LTE 系统的初步需求可提高峰值数据速率，提高小区边缘速率、扩大小区容量、提高频谱利用率、降低系统延迟、降低运营和建网成本。并且，该系统必须能够和现有系统共存。

LTE 按照双工方式可以被分为两种模式：LTE TDD（TD-LTE）和 LTE FDD。LTE TDD 采用时分复用进行双工，LTE FDD 采用频分复用进行双工。相对于 CDMA 技术，OFDMA（正交频分多址）技术具有抗多径干扰、实现简单、灵活支持不同带宽、频谱利用率高、支持高效自适应调度等优点。MIMO（多输入 / 多输出）技术利用多天线系统的空间信道特性，能同时传输多个数据流，可有效提高数据速率和频谱效率，成为 LTE 的必选技术。

4G 国际标准制定工作从 2009 年初开始，ITU 在全世界范围内征集 4G（IMT-Advanced）候选技术。2009 年 10 月，ITU 共征集到了六个候选技术。这六个技术基本上可以被分为两大类，一类是基于 3GPP 的 LTE 技术；另一类是基于 IEEE 802.16m 的技术。

2012 年 1 月 18 日，ITU 正式审议通过将 LTE-Advanced 和 WiMax-Advanced（802.16m）技术规范确立为 IMT-Advanced 的国际标准。

LTE-Advanced 是 LTE 的增强版，完全向后兼容 LTE，在 LTE 上通过软件升级即可实现 LTE-Advanced，其定位是移动通信宽带化。

WiMax-Advanced 是 WiMax 的增强版，WiMax 的前身是 Wi-Fi，WiMax-Advanced 的覆盖范围可达几千米至几十千米，定位是将宽带无线化。

通信模块的行业应用与通信网络的建设密切相关，据统计，截至 2015 年 12 月，全球 51 家运营商已经商用 4G-LTE 网络，横跨 151 多个国家和地区。

4.2.3　4G 通信面临的问题

4G 通信系统可以适应移动计算、移动数据和移动多媒体的要求，并能满足数据通信技术和多媒体业务快速发展的需求。4G 的核心技术包括：接入方式和多址方案、调制与编码技术、高性能的接收机、智能天线技术、MIMO 技术、软件无线电技术、基于 IP 的核心网和多用户检测技术等。

4G 无线网络通信系统主要包括：智能移动终端、无线接入网、无线核心网、IP 主干网等部分，这几部分的安全通信问题是可能造成 4G 无线网络通信系统安全问题的主要因素。4G 无线网络通信系统在管理、技术等方面都有了明显改进，但是在通信系统运行中还存在一些问题。例如，无线网络的链接安全问题：如果无线网络通信系统在链接过程中发生中断，无线网络的安全通信将受到严重影响，用户发送的重要数据信息会被中断，网络黑客甚至会恶意入侵，将一些攻击性病毒植入无线网络通信系统，无线网络传输的数据信息很容易被篡改、删除等。同时，4G 无线网络通信系统的移动终端和用户之间的交互越来越频繁，越来越复杂，移动终端是无线应用和各种无线协议最主要的执行者，这使得 4G 无线网络通信系统面临着很多不安全的因素。

随着物联网应用的大力发展，高清的视频图像、各种传感器数据的海量传输，使得 4G 无线网络的通信能力尤显不足。对于 4G 网络，数据传输伴随着建立无线电链路控制分组交换的要求，此链接管理设备的安全性和移动性方面可能会出现问题。当数据传输量很大时，就像用于视频文件一样，用于控制数据开销的内容数据的比例非常高，这意味着所得到的链接非常有效。然而，在物联网环境中，这种方法面临两个主要挑战：首先，许多物联网应用中的预期传输非常低，每次传输可能只有几百字节的数据，但设备是海量的，在这种情况下，（对"包装"数据有用的数据比例变得增加，当这个数字在构成物联网的数十亿连接设备中成倍增加时）系统可能会产生数 TB 级的"包装"数据，这就对网络的传输速率提出了很高的要求。

4G 设计旨在实现人性化运营，但物联网连接设备的 IHS 项目的数量在 2019 年接近 300 亿，其中近 20 亿的设备在 3G 和 4G 网络上运行。虽然物联网设备对数据速率要求较低，但它们成倍增加的数量带来了数据量的快速增加，因此，如何提高网络的传输速率，增加网络的安全性成为无线通信系统面临的一个重要挑战。

4.2.4　5G 通信技术

5G 时代，绝大多数的消费产品、工业品、物流等都可以与网络连接，海量"物体"将实现无线连网。5G 物联网还将与云计算和大数据技术结合，使整个社会变得充分物联化和智能化。

5G 网络的基本需求为巨量终端接入、超低时延、高效连接、低成本、低功耗、超可靠性、全地域覆盖，其中涉及很多关键技术，如大规模多天线技术、高频段传输技术、密集网络接入技术等。从 2013 年开始，中兴、华为及三大运营商等陆续投入资金到 5G 的开发和研究进程中。

▶▶ 4.3　近距离无线通信技术

一般意义上，通信收发双方通过电磁波（红外、无线电微波）传输信息，并且传输距离限制在较短的范围内（通常是几十米以内）的通信都可以被称为近距离无线通信。近距离无线通信具有以下特点：覆盖距离一般为 10 ～ 200m、发射功率一般小于 100mW、可自由连接各种个人便携式电子设备、计算机外部设备和各种家用电器设备、可实现信息共享和多业务的无线传输。

近距离无线通信技术的体系划分如图 4.12 所示。

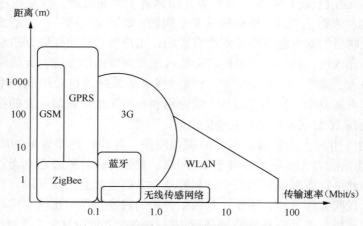

图 4.12　近距离无线通信技术的体系划分

4.3.1　ZigBee 技术分析

ZigBee 是一种具有短距离、低复杂度、低功耗、低速率、低成本的双向无线通信技术。ZigBee 主要用于距离短、功耗低且传输速率不高的各种电子设备之间以实现数据传输及典型的周期性数据、间歇性数据和低反应时间数据传输。ZigBee 典型组网方式如图 4.13 所示。

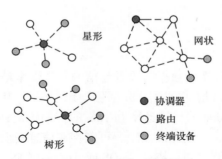

图 4.13　ZigBee 典型组网方式

ZigBee 这一名称来源于蜜蜂的八字舞，蜜蜂（Bee）是靠飞翔和"嗡嗡"（Zig）地抖动翅膀的"舞蹈"来与同伴传递花粉所在方位信息的，人类参考蜜蜂的方式在群体中构建了通信网络。

ZigBee 技术是一种可以构建一个由多达数万个无线数传模块组成的无线数传网络平台，与现有的移动通信 CDMA 或 GSM 十分类似，网络节点间的距离为 75 米至几百米甚至几千米。ZigBee 网络组成如图 4.14 所示。

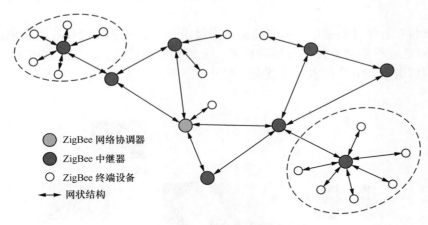

图 4.14　ZigBee 网络组成

ZigBee 技术的应用范围很广泛，包括家庭照明、温度、安全控制等。ZigBee 模块可安装在电视、灯泡、遥控器、儿童玩具、游戏机、门禁系统、空调系统及其他家电产品中。在医学领域，医生利用传感器和 ZigBee 网络可以准确、实时地监测每个病人的血压、体温和心率等情况，从而快速做出反应，减少查房的工作负担。

4.3.2　Wi-Fi 技术分析

WLAN 是一种利用无线技术进行数据传输的网络系统，该技术的出现能够弥补有线局域网络的不足，达到扩展网络范围的目的。

Wi-Fi 是以太网的一种无线局域网扩展，主要应用于办公楼、家庭无线网络及不便于安装电缆的建筑物或场所，如机场、酒店、商场等公共热点场所，可以节省大量铺设电缆所需花费的资金。

4.3.3 蓝牙技术分析

蓝牙（Bluetooth）是一种无线数据与语音通信的开放性全球规范，实质内容是为固定设备或移动设备之间的通信环境建立通用的近距离无线接口，传输频段为全球公众通用的2.4GHz ISM 频段，提供 1Mbit/s 的传输速率和 10m 的传输距离；其缺点是芯片尺寸和价格难以下调、抗干扰能力不强、传输距离太短、可能存在信息安全风险等。

蓝牙技术可用于无线控制和通信搭载了 iOS 或 Android 的平板式计算机和音箱等设备；用于耳机、对讲机，形成无线蓝牙耳机和对讲机。蓝牙技术的其他应用有手机、掌上电脑、数字照相机、数字摄像机、电子钱包、电子锁、嵌入式微波炉、洗衣机、电冰箱、空调机等。

4.3.4 近场通信（Near Field Communication）

NFC 技术在设备之间通过非接触式点对点数据传输（10cm 内）交换数据。NFC 技术可用于数据交换，具有传输距离较短、传输创建速度较快、传输速度快、功耗低的优点。

移动支付在近年开始推广，而非接触式支付让 NFC 技术真正变得有用起来。在国内，手机通过 NFC 进行移动支付都与银联有关，无论是各商家的 Pay，还是 HCE，都用到了银联的云闪付服务。NFC 技术的典型应用如图 4.15 所示。

图 4.15　NFC 技术的应用

大开眼界

NB-IoT 通信技术

窄带物联网（Narrow Band-Internet of Things，NB-IoT）成为万物互联网络的一个重要分支。NB-IoT 构建于蜂窝网络，只消耗大约 180kHz 的带宽，可直接部署于 GSM 网络、UMTS 网络或 LTE 网络，以降低部署成本，实现平滑升级。

NB-IoT 是物联网领域出现的一种新兴技术，支持低功耗设备在广域网的蜂窝数据连接，又称低功耗广域网（Low Power Wide Area Network，LPWAN）。NB-IoT 支持待机时间长、对网络连接要求较高的设备的高效连接。NB-IoT 设备电池寿命可以提高至 10 年甚至更长时间，同时还能提供非常全面的室内蜂窝数据连接覆盖。

NB-IoT 具备四大特点：一是广覆盖，将提供改进的室内覆盖；二是具备支撑海量连接的能力，NB-IoT 一个扇区能够支持 10 万个连接，支持低延时敏感度、超低的设备成本、低设备功耗和优化的网络架构；三是更低功耗，NB-IoT 终端模块的待机时间可长达 10 年；四是更低的模块成本，企业预期的单个接连模块成本不超过 5 美元。

互联网与移动互联网不仅是物联网中物物互连的基础，也是整个社会信息交流的基础设施。互联网与移动互联网本身包含宏大的技术体系和大量不断发展的技术。

知识总结

1. OSI 的七层模型从低到高依次为物理层、数据链路层、网络层、传输层、会话层、表示层和应用层。

2. 典型的六种网络拓扑结构为星形、总线形、树形、环形、网状、复合形。

3. 1G 时代的技术特点是使用模拟信号，信号不稳定且不安全；设备体积较大、容量低，频谱利用率低、收费高，设备贵；系统间无公共接口，不兼容，无法实现漫游。

4. 3G 时代我国的技术标准主要有 TD-SCDMA、WCDMA 和 CDMA2000。

思考与练习

1. CDMA 的主要技术是什么？

2. 无线移动通信中使用了哪些复用技术？

3. 举例说明六种网络拓扑结构，以及它们的优缺点。

4. 举例说明几种近距离通信技术的优、缺点及应用场景。

实践活动：调研我国移动通信市场发展现状

一、实践目的

1. 熟悉我国移动通信的产业化情况。

2. 了解我国移动通信技术在全球范围所处的位置。

二、实践要求

各学员通过调研、搜集网络数据等方式完成实践。

三、实践内容

1. 调研移动通信全球市场分布情况。

2. 调研中国移动通信技术发展情况，完成下面内容的补充。

① 时间。

② 移动通信企业。

③ 移动通信设备制造企业。

3. 分组讨论：移动通信技术是物联网技术的关键技术之一，未来我国要发展物联网行业，应该对移动通信行业发展做出预测，学员从正反两个角度进行讨论，提出移动通信产业化的利益关系。

第5章 解析云计算与数据存储技术

课程引入

　　小明为了尽快参与项目，一直在学习物联网基础知识。今天，小明翻开了一直在参考的物联网导论书籍，感叹道："物联网真是一个庞大的概念，每一个知识都是一个行业领域，每一个名词背后都有漫长的发展历史和无数的技术支撑。"

　　小明感叹完之后，旁边的同事看向他，说道："你才刚入行，路还很远啊，但是，物联网也不是那么难的，你现在学习进度如何？"

　　小明赶紧回答道："基础部分就差应用层了，但是软件里的编程太难了。"

　　同事笑了笑，说道："没关系，外人看软件行业很神秘，其实应用并不难。你现在不适合直接接触编程，初学阶段，还是先学好概念，了解相关的技术。我觉得你可以从云计算和数据存储技术学起，毕竟物联网大部分应用层技术都是沿用互联网的相关技术。"

　　小明思考了一下，觉得同事分析得很对，这部分有很多有趣的东西。小明畅想了起来，物联网、互联网、云计算、数据中心、大数据……，全是高精尖的热点技术。想到这，小明立马来了兴趣，心想，要赶紧开始学习，接着又一头扎进书海中。

学习目标

　　1. 识记：数据中心概念、物联网中的数据挖掘、数据库发展。
　　2. 领会：关系与非关系数据库、云计算概念、数据存储概述、数据挖掘概念和过程。
　　3. 应用：谷歌数据中心、数据挖掘应用。

◈ 5.1 物联网数据存储模式概述

5.1.1 数据库系统概述

物联网已经进入高速发展的时代，预计到 2020 年，全球物联网设备的体量将达到 200 亿以上。随着"万物联网"时代的到来，海量的物联网设备产生的数据难以存储和充分利用，最重要的两大难点是数据量的巨大提升和处理实时性要求的提高。

① 数据量的巨大提升：数据总量和数据产生速度的提升。随着物联网系统的不断演进，其产生的数据体量也急速上升，传感器数量不断增加，数据采样频率不断提升。

② 处理实时性要求的提高：许多细分领域的数据用于异常预警和趋势预测等，这时，物联网系统可以根据实时数据快速做出反应，提供实时的数据查询和分析。

物联网数据需求与传统的管理系统有很大的区别，因此，在物联网发展的同时，数据库技术也在不断地更新，发展出了许多的新方向，以此来适应物联网海量数据的存储和分析需求。

5.1.1.1 数据库系统起源

任何一项技术，都是为了适应需求而诞生的。在 20 世纪初，美国航空公司采用的订票系统是人工的，操作员会有一张航班座位的卡片，如果有人预订了座位，就在该座位上打一个孔，表示此座位已经售出。人工办法在初期还有比较好的效果，但是随着经济的蓬勃发展，进入 20 世纪 50 年代后，由于航班数和乘客数的飞速上升，手工订票系统逐渐展现出效率低下的致命缺点，当时卡片文件的设计只能满足八个操作员同时操作的需求，订票窗口经常排起长队，继续采用纯人工方式是不可行的。因此，美国航空公司向 IBM 求助，希望引入一套软件系统解决这个问题，最终 IBM 为其研发了一套名为半自动商用研究环境（Semi Automated Business Research Environment，SABRE）的系统。从 1960 年第一个系统上线到 1964 年的短短 4 年时间内，SABRE 显现了人工方式不可比拟的优势，接管了所有订票业务，日交易处理量达到了 80 000 份。

SABRE 是早期成功的数据库系统之一，推动了技术和商业的发展。如此出色的数据库系统，仅仅只是当时众多数据库系统中的佼佼者之一，同期的还有 IBM 的 IMS、Cullinet 的 IDMS 等。受制于当时的技术，SABRE 的数据存储结构依赖于数据的类型，数据通过指针串联，用户如果想要查找数据，可能需要按顺序遍历整个数据库，而当时的存储介质仍是磁带，这就导致了随着数据量的上升，"查询"操作效率的急剧降低。根据此类数据库数据查询的特点，此类数据库系统被统称为导航式数据库（Navigational Database）。

5.1.1.2 关系型数据库

软件技术的更迭十分迅速，导航式数据库的潮流并没有持续很久。到了 20 世纪 70 年代，由于人们对数据的快速查询的需要，导航式数据库的劣势逐渐被放大，已经不能满足人们对于数据分析的需求，更多类型的数据库相继诞生，其中就有广泛使用、一直沿用至今的关系型数据库（Relational Database System）。随着关系型数据库管理系统的日益完善，DB-Engines

的数据库排行榜显示：截至 2018 年 11 月，关系型数据库管理系统仍然占据主导地位。

　　关系型数据库的诞生主要经历了理论奠基、结构化查询语言（Structured Query Language，SQL）标准制定、商用成型三个阶段。最初，关系数据库之父，图灵奖获得者 E. F. Codd 发表了论文《大型共享数据库数据的关系模型》，奠定了关系型数据库的理论基础；之后，Codd 的同事 Don Chamberlin 将论文中的关系运算转换成了更易理解和使用的 SQL，而 SQL 在发展中逐渐成为所有关系型数据库的唯一标准；有了数据库理论和 SQL，关系型数据库就有了商用的基础，Oracle 数据库就是在此背景下诞生的。直到今天，关系型数据库仍一直占据数据库市场 80% 以上的份额，处于统治地位。图 5.1 展示了近期各类型数据库系统的市场占比，部分市场占比极小的数据库类型并未列在图中。

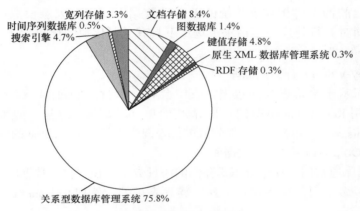

图 5.1　近期各类型数据库系统的市场占比

　　关系型数据库中的"关系"指的就是二维表。简单地说，关系型数据库采用的是关系模型，也就是二维表的形式来存储数据。

　　在"关系"中，二维表中每一列的列名被称为字段，每一行被称为一条记录，一张关系表中可以有多条记录。图 5.2 展示了智能交通中 ETC 的 RFID 通行卡充值的记录如何被存储在关系型数据库中，二维表共有 6 个字段（列），记录了 5 条充值信息，其中收费标准和本次余额字段的数值单位定义为元。

图 5.2　ETC 的 RFID 通行卡充值记录查询表

5.1.1.3 非关系型数据库

非关系型数据库（Not Only SQL，NoSQL）是随着互联网 Web2.0 时代的到来迅速发展起来的，适用于特定的存储场景，作为关系型数据库的一个有效补充。淘宝、微博、微信等新型的兴起，为传统的数据库带来了严峻的挑战。这些大型互联网应用具有超大数据规模和高并发性的特点，传统的关系型数据库逐渐暴露出了弱点，出现了 I/O 和性能瓶颈，难以有所突破。NoSQL 数据库就是在这样的背景下诞生的，并在近几年取得了飞速的发展。

NoSQL 数据库最大的特点是不再需要表结构的定义和事务严格的 ACID 特性，不再将数据一致性作为重点，由此带来了巨大的性能提升。NoSQL 数据库具备高性能、高可用性和可伸缩性强的特点，相较于传统的关系型数据库，它在大规模数据、复杂数据类型和高并发（同时并行处理很多请求）场景下具有无可比拟的优势。非关系型数据库主要可以分为以下四类。

1. 键值（Key-Value）存储数据库

这类数据库基于哈希表存储数据，表中会有一个特定的键和一个指针指向特定的数据。系统采用 Key-Value 模型的原因是其简单、易部署；但是，如果数据库管理员（Database Administrator，DBA）只对部分值进行查询或更新，Key-Value 的效率就显得低下。

2. 列存储（Colum-oriented）数据库

这部分数据库通常用来存储分布式存储的海量数据。在列存储数据库中，键仍然存在，但是它们指向了多个列，这些列是由列家族来安排的，例如 Cassandra、HBase、Riak 数据库。

3. 文档型（document）数据库

文档型数据库同第一种键值存储类似，该类型的数据模型是版本化的文档，半结构化的文档以特定的格式存储，如 JSON。文档型数据库可以看作键值数据库的升级版，允许各数据库之间嵌套键值，而且文档型数据库比键值数据库的查询效率更高。文档型数据库有 CouchDB、MongoDB 等，国内的开源文档型数据库有 SequoiaDB。

4. 图形（Graph）数据库

图形结构的数据库同其他行、列及刚性结构的 SQL 数据库不同，其使用灵活的图形模型，并且能够扩展到多个服务器上，如 Neo4J、InfoGrid、Infinite Graph。

NoSQL 数据库没有标准的结构化查询语言，因此进行数据库查询需要定制数据模型。许多 NoSQL 数据库都有 REST（Representational State Transfer，表述性状态传递）式的数据接口或查询应用程序编程接口（Application Programming Interface，API）。

5.1.2 物联网中大容量数据的存储

在互联网和云时代蓬勃发展的今天，大数据（Big Data）这个名词已经众所周知，普通大众对于数据存储的认知一般来源于日常生活中手机和个人计算机的外存，数据的计量单位一般为 GB 或 TB。而在未来的物联网时代，数据量将会呈指数增长，根据 IDC（Internet Data Center，互联网数据中心）《数字宇宙》（*Digital Universe*）的研究报告：预计到 2020 年，全球数据总量将超过 40ZB（相当于 40000 亿 GB）。未来社会将面临新一轮的数字化变革，所有能独立寻址的物理对象都将接入物联网，实现真正的"万物互联"。除了传统的信息设备，如手机、PC、平板式计算机、交换机等，一些机动设备，如汽车、游轮，包括各种医疗和工业器械在内的专业设备也都接入互联网，这使物联网中的对象数量将变成以百亿为单位，这样的数量是传统的应用所无法比拟的，势必会给现有的技术带来巨大的挑战。数据度量单位如图 5.3 所示。

```
1B=8bit
1kB=1 024B
1MB=1 024kB=1 048 576B
1GB=1 24MB=1 048 576kB=1 073 741 824B
1TB=1 024GB=1 048 576MB=1 073 741 824kB=1 099 511 627 776B
1PB=1 024TB=1 048 576GB=1 125 899 906 842 624B
1EB=1 024PB=1 048 576TB=1 152 921 504 606 846 976B
1ZB=1 024EP=1 180 591 620 717 411 303 424B
1YB=1 024ZB=1 208 925 819 614 629 174 706 176B
```

图 5.3　数据度量单位

物联网时代，数据最有价值，掌握了足够量的数据，我们就能洞察先机。这些海量的数据背后隐藏着巨大的财富，通过挖掘和分析数据，我们可以得出一些非常有价值的结果。物联网的数据有自己的特点，根据这些特点，我们可以更好地选择存储、处理数据的方式，下面列举物联网数据的四大特点。

1. 多态性

物联网应用包罗万象，深度渗透到各个行业，物联网中的数据类型也是千变万化的，如智能交通系统中包含音频、视频、以图片展示的距离、车速、温度、湿度等路况和车况数据；生态检测系统中包含温度、湿度、光照度、风力、风向、海拔高度、PM2.5 等环境数据。数据的多态性必将提升数据处理的复杂度：不同的网络系统导致数据有不同单位，温度、摄氏度、华氏等；不同的传感器采样的精度不同，如距离，有的传感器能精确到厘米，而有的设备只能精确到分米；数据的值不断变化，如某个路口的车流量会随着上下班高峰等时间变化，也会随着天气、节假日等不断变化。

2. 海量性

每一个大型的物联网系统都会产生海量的数据。调查显示：仅在苏州工业园区内，平均每天就可以采集到卡口 500 万像素的高清照片 25 多万张、微波数据 30 多万条、路口交通流数据 60 多万条。未来，如果地球上的每个人、每件物品都能互连互通，其每天产生的数据量将会更加令人瞠目结舌。

3. 关联性

在物联网中，数据之间有着千丝万缕的联系。数据的关联性可以分为时间关联性和流程关联性两类，首先给大家展示一个案例。

例如，在森林中的火灾检测系统，如果某一个温度传感器的温度从 30℃突然上升到了 80℃，那么从时间关联性的角度分析，由于其他传感器没有反应，可能是传感器发生了故障，或者周围环境发生了突变。假设接下来的一段时间内，周围的传感器都出现了温度异常升高的情况，那么我们可以推测火灾正在蔓延。如果周围传感器并没有反应，同一时间湿度传感器显示空气湿度大于 70%，火灾不易产生，那么我们可以推测出事传感器发生故障，因此可排除火灾情况。

① 时间关联性。物联网中的数据普遍存在着时间上的关联性，时间上关联的数据往往需要被放在一起分析才有价值。根据上述案例，同一时刻多个温度传感器的数据可以正确描述火灾的当前情况，如火灾的范围、火灾发生的可能性等，如果抛开数据之间的时间关联性，只关注该时刻某一个点的情况，我们很可能会做出误判。

② 流程关联性。前一个点的数据会影响下一个点的数据，体现系统动态的流程特征。自然中火灾的蔓延都会有一个扩散的规律，和当时的风向、湿度等天气因素有直接关系，如果一个温度传感器点发生温度异常后，周围的温度传感器并没有按规律进行预测的变化，我们也可以分析传感器异常的结果。

4. 时效性

数据的时效性指数据从产生到被清除的时间，数据的时效性是由系统的设计和部署所决定的。数据可以被存储起来以便多次使用，也可以使用一次就清除。总体来讲，边缘部署的数据时效性短，如物联网系统的传感器节点采集的数据；远程部署的数据时效性长，如存放在远端服务器数据库中的数据。

物联网系统通过传感器与现实进行沟通，而现实世界的数据都是模拟数据，计算机处理的都是数字数据，传感器只能通过采样的方式获取数据，采样的频率越高，类别越多，数据带来的信息越丰富。随着技术的发展，传感器的数据采集频率越来越快，采集的数据种类越来越多，但与此同时带来的是数据量的急速增长。

由于物联网本身的数据特点，其需要寻找适合海量数据的存储技术。云存储是云计算和互联网时代的产物，十分擅长存储和处理海量数据，是物联网应用数据存储十分合适的选择。

5.1.3　数据存储中心认知

在生活中我们经常能听到"数据中心"这个名词，生活中云照片的存储、和朋友网上聊天、玩电子游戏等网络活动都要有数据中心的支持，数据中心的快速发展与互联网、云计算、大数据和未来的物联网息息相关。数据中心包含一整套复杂的设施。它不仅包括计算机系统和其他与之配套的设备（如通信和存储系统），还包含冗余的数据通信连接、环境控制设备、监控设备及各种安全装置。数据中心是 IT 行业的基础服务体系，是承载云计算和未来物联网业务发展的重要载体。

5.1.3.1　数据中心的发展历史

数据中心的诞生是一个逐步演进的过程，大体可以分为四个阶段，具体内容见表5.1。

表5.1　数据中心发展的四个阶段

时间	1945—1971	1971—1995	1995—2005	2005年至今
推动技术	计算机技术	服务器、网络、摩尔定律	互联网、宽带、信息高速公路	高密度

（续表）

时间	1945—1971	1971—1995	1995—2005	2005年至今
机房类型	大型机	个人计算机、局域网、广域网	网络互连IDC、集中服务器	虚拟云、大数据
图样				
供电、空调	第一代大型UPS、空调	UPS中小型化、机房空调	完善的供电系统和大型UPS	超大容量供电系统，水冷系统空调

第一阶段：20 世纪 50 至 60 年代，计算机以电子管、晶体管为主，体积和电耗大，用于国防、军事和科研领域。由于计算消耗资源大，成本过高，因此计算的各种资源集中是必然的选择；同时，预支配套的第一代数据机房诞生，UPS（Uninterruptible Power System，不间断电源）、精密机房专业空调就是在这个时代诞生的。

第二阶段：20 世纪 70 至 90 年代，随着大规模集成电路的迅速发展，计算机除了向巨型机方向发展外，更多地向小型机和微型机方向快速演进。1971 年，世界上第一台微型计算机在硅谷诞生，这个时代计算的形态以分散为主，因此，也出现了各种小型、中型、大型机房并存的形式，特别是中小型机房发展迅速。

第三阶段：20 世纪 90 年代至 2005 年，互联网的兴起被誉为计算机行业自计算机发明之后的第二个里程碑。互联网的兴起本质上是对计算资源的优化与整合。而对人类社会分散计算资源的整合是计算发展本身的内在要求和发展趋势。这一阶段，IDC 的大型机房再次成为主流，但已经不是第一阶段的简单重复，有两个典型特点：一是分散的个体计算资源本身的计算能力急速发展，如摩尔定律和多核技术就是典型的应用；二是个体计算资源被互联网高度整合，这种整合能力将会不断增强。

第四阶段：2005 年至今，随着物联网时代的到来，未来的数据中心向着更加集中化、高密度的趋势发展。

5.1.3.2　数据中心的业务功能

从字面意思理解，数据中心很容易被认为是存放数据的计算机中心。其实，数据中心有多种类型，每种类型的作用并不完全一样。数据中心的业务功能演变经历了三个阶段，如图 5.4 所示。

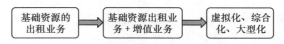

图 5.4　数据中心的业务功能演变

第一阶段是数据中心的外包业务时期，这一阶段，数据中心刚刚出现，业务范围狭窄，提供的服务基本是场地、电源等资源的出租和维护服务，面向一些大型企业。

2007 年后，数据中心进入第二阶段，数据中心的业务范围得到了很大扩展，在原有的基础资源出租和维护服务中，加入了一些增值业务，数据中心的服务模式变成了"基础资源出租业务＋增值业务"的服务模式。增值业务的种类包括网站托管、服务器托管、应用托管、网络加速、网络安全方案、负载均衡、虚拟专用网等。

第三阶段，数据中心的概念得到了进一步的扩展，功能更加丰富。在这一阶段，虚拟化、综合化、大型化是其主要的特征。

5.1.3.3 典型的数据中心

谷歌（Google）是公认的全球最大的搜索引擎公司，其业务涉及互联网搜索、云计算、广告技术和大量基于互联网的产品与服务。我们先来看一组数据：谷歌活跃用户超过了 10 亿户，每秒可以处理 63 000 次以上搜索请求，每天大约要处理超过 20PB 的数据，存储百亿的网页地址、数十亿用户的个人资料，且早在 2007 年，谷歌站点的可靠性就达到了 99.99％。

在全球，谷歌至少有 36 个数据中心。谷歌于 2016 年第一次允许媒体记者进入该公司位于世界各地的数据中心进行参观拍摄，向世人展示其迷宫一样的数据中心。这些数据中心夜以继日地处理着全球网民的搜索请求、视频和邮件等。图 5.5 为谷歌某个数据中心的制冷管道一角。

图 5.5 谷歌某个数据中心的制冷管道一角

根据可持续 ICT 研究专家 Anders Andrae 的预期，2018 年，ICT 产业全球数据中心总耗电量已经占全球电力总量的 1%，而在巨大的电量消耗中，很大一部分被数据中心的散热冷却系统消耗。数据中心的耗电量十分巨大，一个拥有 2 000 个机架的数据中心，每个机架平均功率如果按照 3 千瓦计算，其总负荷就将达到 6 000 千瓦，也就是每小时 6 000 千瓦的耗电量，如此算来，其全年的耗电量将达到 52 560 000 千瓦时，电费支出超过 5 200 万元，如果加上制冷系统和配套设施，其每年的电费支出达到 100 000 000 元。2016 年，中国数据中心保有量约为 5.6 万个，总面积约为 1 650 万平方米，预计到 2020 年，中国数据中心保有量将超过 8 万个，总面积将超过 3 000 万平方米。与之相应是能源消耗的逐年攀升，2016 年，中国数据中心总耗电量超过 1 200 亿千瓦时，这个数字已经超过了三峡大坝 2016 年全年的总发电量。所以，数据中心的绿色化是其发展的主要方向之一，各国的政府都高度重视数据中心的绿色化发展。PUE（Power Usage Effectiveness，电源使用效率）已成为数据中心规划和建设过程中需要考虑的必不可少的因素之一。PUE 值越接近 1，表示一个数据中心的绿色化程度越高。

　　谷歌的大型数据中心整个机房的服务器阵列非常整齐壮观，海量的服务器风扇同时运转带来巨大的噪音，以至于人员进入数据中心必须佩戴防噪耳塞。谷歌某个数据中心的服务器如图 5.6 所示。谷歌某个数据中心的机柜如图 5.7 所示。

图 5.6　谷歌某个数据中心的服务器

图 5.7　谷歌某个数据中心的机柜

　　谷歌的服务器上架有两种配置方式，分别是低密方式（每机柜放置十五六台服务器）以及高密方式（每机柜接近 30 台）。每个服务器之家有四个交换机，用不同颜色的线连接。

大开眼界

数据中心节能"黑科技"——微软水下数据中心。

2018年6月1日，微软将一个长约12米，直径接近3米的胶囊状数据中心沉入苏格兰水域。这个在海底嗡嗡作响的Northern Isles数据中心一共装载了864台服务器，可以存储约500万部电影。它将为苏格兰群岛的沿海地区提供高速的云计算能力和互联网连接服务。

5.2 初探云计算

云计算已经深入到我们的日常生活中。在正式介绍云计算之前，我们可以把身边的"云"简单分为几类。云存储，如百度网盘、微云、360云盘；云相册，如网易云相册；云笔记，如有道云笔记；云应用，如高德地图、百度地图、网易云音乐；公共云，如搜索引擎（百度、谷歌、360）。这些云计算应用大部分人都使用过其中的多种服务，下面我们将会带大家一起认识云计算。

5.2.1 云计算

云计算（Cloud Computing）基于IT的相关服务的增加、使用和交付模式，通常涉及通过互联网来提供动态易扩展且经常是虚拟化的资源。"云"是网络、互联网的一种比喻说法。过去在图中，我们往往用云来表示电信网，后来也用其来表示互联网和底层基础设施的抽象概念。云计算甚至可以让用户体验每秒100000亿次的运算能力，拥有这么强大的计算能力可以模拟核爆炸、预测气候变化和市场发展趋势。用户可通过计算机、手机等方式接入数据中心，按自己的需求进行运算。

云技术是指实现云计算的一些支撑技术，包括虚拟化、分布式计算、并行计算等。云计算除了技术之外更多是指一种新的IT服务模式，可以说，目前提到较多的云计算30%是指技术，70%是指模式。

云计算系统包括私有云、社区云、公共云和混合云等多种形式。每一种形式的云计算均包括物理资源、虚拟化的资源池、核心中间件及云计算应用服务。云计算整体架构如图5.8所示。

1. 云计算的特征

云计算有如下特征，如图5.9所示。

① 虚拟化：云计算最大的特点，包括资源虚拟化和应用虚拟化。

② 动态可扩展：通过动态扩展虚拟化的层次达到对应用进行扩展的目的。

③ 按需部署：用户运行不同的应用需要不同的资源和计算能力。

④ 高灵活性：云计算不针对特定的应用，在"云"的支撑下可以构造出千变万化的应用。

⑤ 高可靠性："云"使用了数据多副本容错、计算节点同构可互换等措施来保障服务的高可靠性。

⑥ 高性价比：使大量企业无须负担日益高昂的数据中心管理成本。

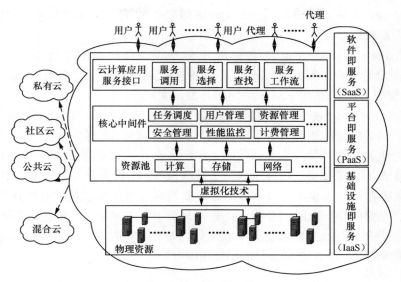

图 5.8　云计算整体架构

⑦ 超大规模：谷歌云计算已经拥有 100 多万台服务器。

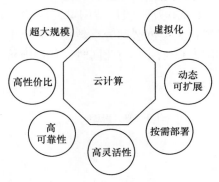

图 5.9　云计算的典型特征

2. 云计算的服务形式

云计算的服务形式有 IaaS、PaaS 和 SaaS 三种，如图 5.10 所示。

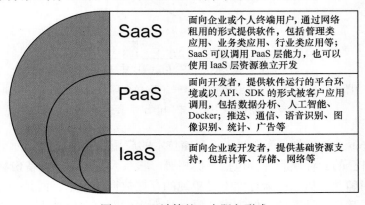

图 5.10　云计算的三大服务形式

IaaS（Infrastructure as a Service，基础设施即服务）：消费者通过 Internet 可以从完善的计算机基础设施获得服务。

PaaS（Platform as a Service，平台即服务）：指将软件研发的平台作为一种服务，以 SaaS 的模式提交给用户。因此，PaaS 也是 SaaS 模式的一种应用。但是，PaaS 的出现可以加快 SaaS 的发展，尤其是加快 SaaS 应用的开发速度。

SaaS（Software as a Service，软件即服务）：一种通过 Internet 提供软件的模式，用户无需购买软件，而是向提供商租用基于 Web 的软件来管理企业经营活动。

例如，企业 A 需要开发一个电商网站，如果企业 A 从技术服务商 B 中购买了 IaaS，那么意味着企业 A 不再需要自己搭建服务器等基础设施；如果企业 A 从服务商 B 那里购买了 PaaS，那么意味着企业 A 也不需要在服务器上安装操作系统或者软件开发环境，服务商 B 将会提供拥有完整软件环境的服务器，企业 A 只需要开发网站；如果企业 A 从服务商 B 那里购买了 SaaS 服务，那么意味着企业 A 甚至连网站也不需要开发，服务商 B 将会为企业 A 提供一套完整的电商网站，企业 A 只需要使用即可。

5.2.2　云存储

现在是全球数据暴涨的时代，据相关机构统计：平均每 3 分钟内，就会有 18 万小时的音乐下载，6 亿邮件产生，6 000 万张照片被浏览，14 万个应用下载，390 万视频被观看……移动互联网的快速发展让人类创造和分享数据的热情前所未有的高涨。2015—2035 年全球数据总量增长态势如图 5.11 所示；与此同时，各种廉价且有吸引力的云存储选择也正日益增多。

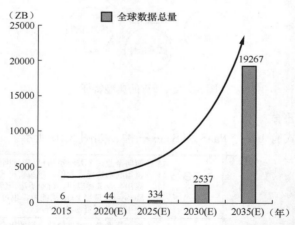

图 5.11　新摩尔定律主导下 2015—2035 年全球数据总量增长态势

数据来源：IDC，中国电子学会整理

百度云、360 云盘、微云等都属于云存储技术的应用，如图 5.12 所示。越来越多的手机厂商推出了自己的云存储服务，包括手机相册、联系人、短消息的备份和恢复服务。

我们需要明确一个概念，云存储不是单纯的存储数据的技术，而是一系列的服务。云存储最初是为了满足云计算的存储需求，是一种新兴的网络存储技术。云存储是指通过集群应用、网络技术或分布式文件系统等功能，将网络中大量各种不同类型的存储设备通过应用软件集合起来协同工作，共同对外提供数据存储和业务访问功能的系统。

图 5.12　云存储示例

云存储从上到下可以分为访问层、应用接口层、基础管理层和存储层四个层次，如图 5.13 所示。

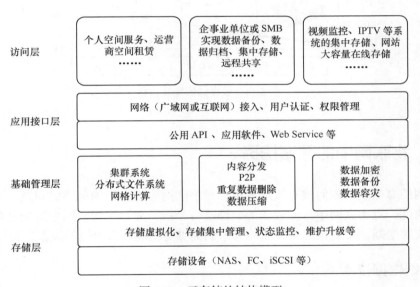

图 5.13　云存储的结构模型

访问层提供标准的公共应用接口，使任何一个授权用户可以通过接口登录云存储系统，获得云存储服务的使用权限。每个运营商提供的服务和接口都有所差别，所以访问类型和手段也有所不同。

应用接口层在基础管理层、存储层的支持下对外提供数据服务，是最灵活的一层。在不同的应用环境下，业务服务层的形式千变万化。基于不同的应用需求和开发环境，应用接口层可能表现为网站、移动应用程序、WebService 等多种形式，为访问层提供应用服务。用户权限的认证和管理也在此经过验证。

基础管理层是云存储系统中的核心。云存储是分布式存储系统，可能拥有成千上万的存储设备和服务器。基础管理层通过集群、分布式文件系统、网格计算等技术，实现了多个存储设备之间的协同工作，使其成为一个整体，对外提供服务，满足了高扩展性、高可用性和高性能的需求；同时，它还负责数据的加密、备份、压缩等工作。

存储层是云存储系统的基础，被划分为存储设备管理层和存储设备层。存储设备管理层可以实现存储设备的逻辑虚拟化管理、多链路冗余管理、硬件设备状态监控、维护升级等功能。存储层包含各式各样的存储设备和网络设备，基于成本考虑，这些底层的设备并不是高端设备，而是一般的商业产品，通过软件可保证其可靠性。

云存储的发展从以前的"集中、有限"到"虚拟、分布式"，现在已经跨入"安全防护、智能、大数据"的发展模式。以现在的趋势看来，未来云存储必将成为海量数据存储的首选，是整个存储行业发展的一种趋势，如图 5.14 所示。

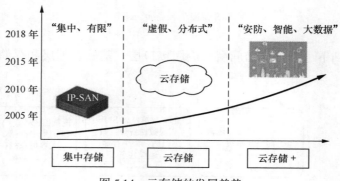

图 5.14 云存储的发展趋势

▶▶ 5.3 物联网中的数据挖掘

物联网的海量数据如何被有效地利用，是物联网应用中最为关键的问题。本节将从数据挖掘的角度，对物联网中海量数据的处理进行分析。通过对物联网中纷繁复杂的信息进行合理有效的挖掘，希望相关内容能够为人们提供更直观和有价值的决策支持。

5.3.1 数据挖掘技术

对于少量的数据，人们通过观察和分析就可以做出正确的决策，而对于物联网中产生的海量数据，人们必须借助计算机和强大的技术支持才有可能挖掘出数据的全部潜力。数据挖掘（Data Mining）一般是指从大量的数据中通过算法搜索隐藏于其中的信息的过程。数据挖掘通常与计算机科学有关，通过统计、在线分析处理、情报检索、机器学习、专家系统（依靠过去的经验法则）和模式识别等诸多方法来实现上述目标。简单地理解，数据挖掘就是从大量数据中提取或"挖掘"知识的过程。

数据挖掘是一个过程，从数据的角度来考虑，除去数据收集工作，数据挖掘一般被细分为数据清洗、数据集成、数据融合、数据规约、数据变换、数据挖掘实施、模式评估和知识表示 8 个部分，其中，数据清洗、数据集成和数据融合、数据规约和数据变换合称为数据预处理阶段，即可以被进一步简化为数据预处理阶段、数据挖掘阶段、模式评估和知识表示阶段，如图 5.15 所示。

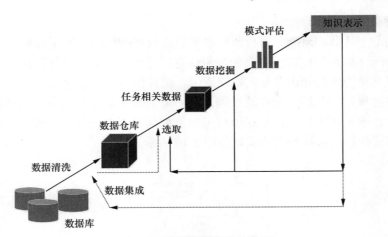

图 5.15　数据挖掘的各个阶段

1. 数据预处理阶段

数据预处理阶段是耗时最长的阶段，整个数据挖掘过程中至少 60% 以上的时间和精力会被投入该阶段。

（1）数据清洗

数据清洗是数据预处理阶段最花时间、最乏味，也是最重要的一步，主要目的是减少学习过程中可能出现的相互矛盾，主要包括对含噪声数据、错误数据、缺失数据、冗余数据的处理。

（2）数据集成和数据融合

数据集成是一种将多个数据源中的数据（数据库或数据仓库）集成在一起存放到一个一致的数据存储（如数据仓库）中的一种技术或过程。数据融合是一种把数据进行智能化合成，以产生比单一信息源更准确、更可靠数据的过程，如将多个指标数据合成为一个新指标，节约存储空间并提高计算速度。

（3）数据规约

数据规约为了在减少数据存储空间的同时尽可能保存数据的完整性，获得比原始数据小得多的数据，并将数据进行合理化的表示。例如，具体手段可表示为利用数据仓库的降维技术将小颗粒数据整合成大颗粒数据，方便数据的存储和使用，节约存储空间。

（4）数据变换

数据变换指采用线性或非线性的数学变换方法将多维数据压缩成较低维的数据，或缩小其范围区间，消除它们在空间、属性、时间及精度等特征表现方面差异的过程。例如，具体表现方式包括将家庭收入和学生成绩数据压缩到 [0, 1] 范围内，进行归一化，防止家庭收入属性作用因为数值原因被远远放大。这步操作对原始数据一般是有损的，但结果更为实用。

2. 数据挖掘阶段

数据挖掘由数据挖掘引擎进行，引擎根据数据仓库中的数据信息，选择合适的分析工具，应用统计方法、事例推理、决策树、规则推理、模糊集，甚至神经网络、遗传算法的方法处理信息，得出有用的分析信息。

3. 模式评估和知识表示阶段

① 模式评估：从商业角度，由行业专家来验证数据挖掘结果的正确性。

② 知识表示：将数据挖掘所得到的分析信息以可视化的方式呈现给用户，提供图形用户接口，或将其作为新的知识存放在知识库中，供其他应用程序使用。

数据挖掘过程是一个反复循环的过程，每一个步骤如果没有达到预期目标，都需要回到前面的步骤，重新调整并执行。这里列出的是数据挖掘中的全部步骤，注意，并不是每一个步骤都需要执行。数据挖掘的流程如图 5.16 所示。

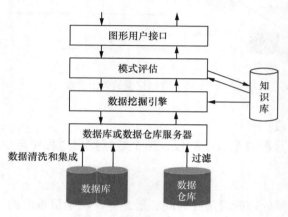

图 5.16　数据挖掘的流程

5.3.2　数据挖掘应用

物联网的最终目标是为人们提供更丰富、有价值的信息和决策，而数据挖掘技术则十分擅长从大量的汇总数据中挖掘对人们有价值的知识。也就是说，数据挖掘技术是物联网数据处理技术的必然选择，物联网中海量数据的分析与处理必然需要数据挖掘技术的支持。

1. 数据挖掘应用案例

很多人都有在网上购物的习惯，用户在浏览门户网站时，网站后台的软件系统早已经通过数据挖掘等技术对用户进行了分析，知道其喜好。用户打开淘宝的首页，系统会根据用户最近的搜索情况和物品购买情况对用户推荐商品。

在大型超市购物时，超市的多个摄像头会捕捉顾客的停留时间、对某一种商品的关注度、表情等众多数据，判断哪些顾客对哪些商品感兴趣、对哪些商品的价格感兴趣等，并形成对顾客类似信用卡体系中的类别划分，之后可以定向将不同种类的商品信息推送给不同的顾客。

2. 物联网数据挖掘面临的挑战

基于物联网海量数据和复杂数据的特性，数据挖掘在物联网应用中具备一定的先天优势，但是物联网毕竟不同于传统的互联网应用，物联网中的数据挖掘技术也面临一定的挑战，具体可以表现为以下几个方面。

第一，物联网数据具有一定的规则，但是由于其规则过多也相对较为繁杂，经由中央模式对分布式数据进行挖掘的方式效果并不理想。

第二，物联网数据规模较大，需要及时给予可靠的处理，而当前的处理模式对硬件要求较高，若硬件不能够符合要求则可能无法实现处理工作。

第三，数据需求的节点不断增加，需求与供给之间存在一定的矛盾。

第四，由于物联网中的设备数量庞大，物联网数据存在诸多外在影响因素，包括数据传输安全性、数据传输的隐私性、法律约束等，将所有数据集中存储在相同的数据仓库中这一渠道显然不可靠。

上述几点问题充分显示出在对物联网进行数据挖掘的过程中，当前所具备的及应用的多种技术与手段存在着一定的弊端，针对此需要我们应不断地进行更为深入的研究，以寻找更为有效的解决方案。

知识总结

1. 物联网中的数据存储模式：关系数据库和非关系型数据库。

2. 物联网数据规模和特点、数据中心的发展、典型的数据中心。

3. 云计算概念、云计算特征和服务形式、云存储。

4. 数据挖掘、物联网中数据挖掘的难点。

思考与练习

1. 物联网的大容量数据具备哪些特点？

2. 简述关系型数据库与非关系型数据库的特点。

3. 物联网中数据挖掘和云计算有什么应用？

实践活动：调研云计算产业现状

一、实践目的

1. 熟悉我国云计算行业现状。

2. 了解目前主流的云计算产品及提供的服务。

二、实践要求

各学员通过调研、搜集网络数据等方式完成实践。

三、实践内容

1. 调研我国云计算和云存储发展情况，以及它们和物联网的联系。

2. 调研阿里云平台的产品情况，挑选可能和物联网应用相关的产品，分析完成下面内容。

产品服务形式分类：

产品的作用：

产品的使用方法：

产品的发展趋势：

3. 分组讨论：针对阿里云中的某一个产品，探讨该产品所属的技术领域，以及其对物联网发展的作用。

第6章 初探应用层软件技术

课程引入

物联网中的海量数据分析与处理的基础是云计算与数据挖掘等互联网技术，小明盯着计算机屏幕想着。抓紧请教同事："云计算和数据挖掘我看的更多是概念，接下来我想深入了解一下具体的技术，从哪方面开始好呢？"

同事皱了皱眉，说道："说到技术就很专业了，物联网中的云计算和数据挖掘是工具，里面的技术你了解起来太吃力，也不合适。"小明有点沮丧，同事安慰道："不要把眼光总是放在这些大的概念上，我建议你学习应用层技术，不妨从身边能看见的，能用到的技术学起。"

小明恍然大悟，说道："对啊，我们日常生活中使用的 App、访问的网站，这些技术正是物联网的终端技术，是用户最直接接触的。我看了很多这方面的资料，学习门槛也不高，从这里入手再合适不过了！"

同事笑着点了点头……

学习目标

1. 识记：物联网软件架构、B/S 和 C/S。
2. 领会：Android 开发技术、Web 前端开发技术。
3. 应用：Java 语言、Java Web 开发技术。

▶▶ 6.1 初识应用层软件架构

1. 物联网软件架构

物联网的发展过程不是预先建立网络，再开展独立的行业应用的过程，而是基于各个行业应用网络整合而成的开发体系架构的发展过程。因此，实际上先有独立架构的应用网络，再有整体物联网网络。物联网软件的运行遵循一定的指导思想：应用软件与硬件分离、设备驱动与操作系统内核分离。

物联网整体的软件架构如图 6.1 所示。

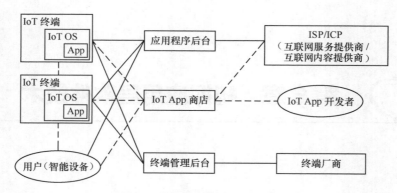

图 6.1　物联网整体的软件架构

图 6.1 中的实线表示永久的逻辑连接，虚线表示临时的逻辑交互。各逻辑模块交互过程如下。

① 物联网终端（汽车、冰箱、手环、音响等）上运行物联网的操作系统（Operating System，OS），以及基于操作系统的应用程序（App）。App 可以从"IoT App 商店"下载。

② 物联网终端上运行的应用程序，可以由用户通过智能设备（如手机、平板式计算机等）进行控制。智能设备通过本地网络通道（如蓝牙、Wi-Fi、ZigBee 等）连接物联网终端，控制终端上 App 的安装和卸载，以及 IoT 终端的配置（安全信息等）操作。

③ 如果物联网终端运行了 App，且 App 是基于 C/S（Client/Server，客户端 / 服务器）模式（如微信），则物联网终端要与 App 的"应用程序后台"交互，实现业务逻辑。

④ 物联网终端和"终端管理后台"建立持久的通信连接，用于实时更新物联网终端操作系统内核版本和硬件驱动程序等。

⑤ 物联网终端运行的 App 一般由第三方开发者或者 ISP/ICP（Internet Service Provider/Internet Content Provider，互联网服务提供商 / 互联网内容提供商）开发，并上传到 IoT App 商店，供用户下载。

⑥ 物联网终端之间能够通过本地通信通道（蓝牙、Wi-Fi、ZigBee 等）通信，这种通信无须经过后台服务器端。例如，汽车可以和信号灯直接通信，将信号灯注册，信号灯可以根据实际情况进行变换，达到优化车辆等待时间的目的。这种通信能力是物联网的关键能力之一，是端到端的直接通信（端端通信）。

结合物联网的软件可以按照层次分为以下两种类型。

① 感知层和网络层软件：微操作系统、嵌入式操作系统、实时数据库管理系统、感知和标识系统、视频监控系统、物联网系统运行集成环境、感知数据处理中间件、信息安全软件、传感网组网通信软件等。

② 应用层软件：网络操作系统、大型数据库管理系统、信息与处理中间件、信息安全软件、各类应用（如智能家居、远程车辆、城市管理、公共安全、精细农业、生态农林等）领域的用户接口软件等。

2. 物联网软件架构案例分析

目前，小米生态链是国内较大的智能硬件平台之一，小米生态链中的 70 多家公司中，有 30 家生态链企业发布了产品，40 多家企业正在研发产品。基于小米 MIot 平台的联网设备总量突破 6000 万台。

目前，小米的物联网生态主要围绕下面的 6 个方向开发：

① 手机周边，如手机的配套耳机、移动电源、蓝牙音箱；

② 智能可穿戴设备，如小米手环、小米智能手表；

③ 传统家电的智能化，如净水器、净化器；

④ 优质的制造资源；

⑤ 极客酷玩类产品，如平衡车；

⑥ 生活方式类，如小米插线板。

小米部分生态链产品如图 6.2 所示。

图 6.2　小米部分生态链产品

该生态链中的核心应用是小米公司的米家 App，是目前物联网软件架构中一个比较系统的应用案例。米家 App 依托于小米生态链体系，是小米生态链产品的控制中枢和电商平台，集设备操控、电商营销、众筹平台、场景分享于一体，是以智能硬件为主，涵盖硬件及家庭服务产品的用户智能生活整体解决方案。同时，第三方产品也可以通过米家开放的小米 IoT 开发者平台，接入米家 App，实现不同设备的互连互通。米家 App 如图 6.3 所示。

3. 物联网应用层软件架构

在物联网分层架构中，应用层软件架构是最贴近用户的，内容最丰富的一层架构。应用层软件技术的架构是面向用户的应用软件的架构体系，它不涉及网络及感知层软件部分，通过学习应用层软件技术，我们可以了解日常生活中使用的 App、网站是如何搭建的。下面我们将先从顶层的应用层软件架构讲起。

图 6.3　米家 App

在物联网整体软件架构中，如果从用户的角度去看，我们可以把最左侧的终端和智能设备的 App 称为用户交互端，其负责整个物联网软件系统中与用户交互的部分。在用户交互端软件应用中，除了最常见的运行在 Android 和 iOS 平台的 App 之外，还有运行在浏览器上的 Web 应用（网页程序）。物联网应用层软件的网络架构分为基于浏览器的 B/S（Browser/Server，浏览器 / 服务器）模式和基于智能终端设备 App 软件的 C/S（Client/Server，客户端 / 服务器）模式。

C/S 模式：服务器通常采用高性能的 PC、工作站或小型机，并采用大型数据库系统，如 Oracle、SQL Server 等，客户端需要安装专用的客户端软件。

C/S 模式主要由客户端（Client）和服务器（Server）两大部件组成。其工作原理如图 6.4 所示，显示逻辑和事务处理逻辑被放在客户端上，客户端负责完成前台功能，如管理用户接口、数据处理和报告请求等；数据处理逻辑和数据库被放在服务器上，服务器部分执行后台服务，如管理共享外设、操纵共享数据库、接受并应答对客户端的请求等。这种体系结构将一个应用系统分成两大部分，交由多台计算机分别执行，使它们有机地结合在一起，协同完成整个系统的应用从而实现对系统中软、硬件资源最大程度的利用。

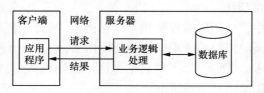

图 6.4　C/S 架构工作原理

B/S 模式：Web 兴起后的一种网络结构模式，Web 浏览器是客户端最主要的应用软件。这种模式统一了客户端，将系统功能实现的核心部分集中到服务器上，简化了系统的开发、维护和使用过程。客户端安装一个浏览器，如 Internet Explorer，服务器安装 SQL Server、Oracle、MySQL 等数据库，浏览器通过 Web 服务器同数据库进行数据交互。B/S 模式结构如图 6.5 所示。

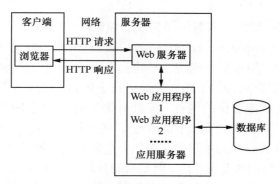

图 6.5　B/S 模式结构

B/S 模式与 C/S 模式的优点介绍如下。

① C/S 模式的优点：界面和操作更加简单丰富，安全性较强，响应速度快。

② B/S 模式的优点：无须安装，只需要在客户端安装浏览器，便可以使用所有的 Web 应用；可以随时随地使用；升级维护便捷，无须升级多个客户端，只需升级服务器即可实现所有用户的同步更新。

📖 大开眼界

小米的造链之路

小米在 2013 年就制订了小米生态链计划，确定了 5 年内投资 100 家生态链企业的目标。目前小米通过投资和管理建立了由超过 210 家公司组成的生态系统，其中超过 90 家公司专注于研发智能硬件和生活消费品。在整个物联网还处在无序竞争的现在，小米生态链自成体系建立了一套自己的规则体系。

小米为什么不自己研发智能硬件，而是打造多企业生态链？显而易见，如果小米自己生产一半智能硬件的话，那要多成立 40 ～ 50 个部门，公司是无法承受这部分的负担。

▶▶ 6.2　探究用户交互端开发技术

在物联网应用层软件架构中，用户交互端也可以被称为用户端（客户端），是相对于服务器的一个概念，是指与用户直接交互的程序。例如，安卓手机中运行的百度地图 App 就是用户交互端程序，而百度地图 App 提供的主要服务都需要远端的服务器进行处理，智能手机本身不做运算，如查询两地之间的交通路线，用户向 App 提供两地的地名信息，通过网络发出请求到服务器，服务器计算出正确结果后把数据返回给用户交互端。6.2 节主要讲解目前主流的两种用户交互端开发技术，分别是基于 B/S 架构的 Web 前端开发技术和基于 C/S 架构的 Android 开发技术。

6.2.1 Web 前端开发技术

什么是"Web"呢？我们先来看一下定义，WWW（World Wide Web，万维网）是一种基于超文本和 HTTP（HyperText Transfer Protocol，超文本传输协议）的全球性的、动态交互的、跨平台的分布式图形信息系统，是建立在 Internet 上的一种网络服务，为浏览者在 Internet 上查找和浏览信息提供了图形化的、易于访问的直观界面。其实，Web 应用的表现形式就是大家每天都能看到的网页，安装有浏览器的智能手机、平板、PC 都可以接入 Web，用户通过其可自由访问数十亿的网页，获得最新鲜的咨讯和信息。在物联网时代，使用 Web 浏览器作为系统的用户交互端是非常常见的一种形式。

Web 前端开发技术即网页开发技术，前端指的就是用户交互端，即 B/S 模式中的"B"，而相对应的后端（有时又称后台，含义并无差别）指的就是服务器。B/S 模式的工作原理如图 6.6 所示。

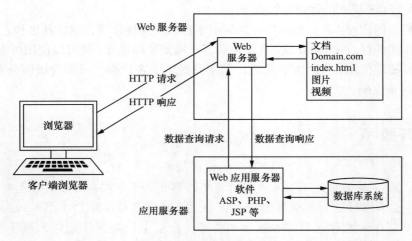

图 6.6 B/S 模式的工作原理

在解释 Web 应用的工作原理之前，我们先来了解几个与 Web 相关的概念。HTTP 是互联网中应用最广泛的网络协议，其设计的目的就是发布和接收 HTML（Hyper Text Markup Language，超文本标记语言）页面。如果不采用动态网页技术（如 ASP、JSP、PHP 等），单纯用前端技术（HTML、CSS、JavaScript 等）构建的网页被称为静态页面，其特点是页面的内容每次请求访问都不会发生改变；动态页面是采用了动态网页技术构建的页面，其往往在 HTML 页面中嵌入了后端编程脚本，可以在每次用户请求时动态地改变页面的内容，还支持访问数据库。

在 B/S 架构中，用户在浏览器输入 URL（Uniform Resource Locator，统一资源定位符），按 Enter 键，浏览器会发出 HTTP 请求（HTTP 是互联网通用的网络协议，其设计目的就是请求和接收 HTML 页面）。Web 服务器会监听并接收来自网络的合法请求，服务器会采用不同的技术对请求进行处理，提取数据库中的数据，生成最终的 HTML 页面，包含在 HTTP 响应中，返回给客户端浏览器。

Web 前端开发主要涉及 HTML、CSS（Cascading Style Sheets，层叠样式表）和 JavaScript 语言三个技术。

（1）HTML

HTML 是定义 Web 文档的一套语法规范，使用 HTML 语言写成的文件被称为网页或者页面，可以被浏览器解析，以图形化的形式展示出来。HTML 目前通用的标准为 HTML5（简称为 H5），于 2014 年 10 月发布，支持众多的新特性。

（2）CSS

CSS 是用来呈现网页外观的一组规范，目前通用的版本是 CSS3，HTML5 和 CSS3 是十分适合的一组搭配，CSS3 的规范仍在持续地改进中。

（3）JavaScript

JavaScript（JS）是 Web 浏览器上流行的脚本语言，现今的浏览器都支持 JavaScript，使用 JavaScript 可以为在网页中进行脚本编程，控制网页中的所有元素，为网页添加动态效果，增强用户与 Web 应用程序之间的交互。

现在，网络上的每一个站点和网页大部分都需要使用 HTML、CSS、JavaScript 和一些 JavaScript 库。在一个完整的网页中，HTML 定义了网页的结构和内容，CSS 负责定义网页的样式，JavaScript 负责为网页添加动态效果。

图 6.7 所示是网页"计时器"的源代码在 Chrome 浏览器中的显示效果。我们可以看到，网页中有一个"开始计时"按钮，单击该按钮后会开始计时，按钮后面的文本框会根据实际流逝的时间，显示 2 秒、4 秒、6 秒。用户如果想自己手动实现图 6.8 所示的页面，可以采用如下步骤：

图 6.7　"计时器"的源代码在 Chrome 浏览器中的显示效果

①　新建一个文本文档，打开文本文档，将源代码写入其中；

②　保存，将文本文档的扩展名由 .txt 改为 .html；

③　直接打开或者利用右键打开方式，使用指定浏览器打开。

下面对图 6.8 所示的源代码进行分析。

①　内容结构定义。整个网页的 HTML 内容部分是 body 标签中第 12 ～ 18 行，通过 h1（一级标题）标签定义了标题"小例子:计时器"，通过 p（段落）标签定义了一段说明文本，通过 input（输入表单）标签定义了按钮和文本框。

②　样式定义。每一个标签，如 h1 和 p 标签，都有自己的默认样式，通过 5 ～ 7 行的 CSS 代码，我们可以将 p 标签中的文字颜色设定为红色。

③　动态效果定义。单击"开始计时"按钮，程序开始计时，并将结果显示在页面上，这个动态效果的实现是由第 21 ～ 26 行的 JavaScript 代码实现的。

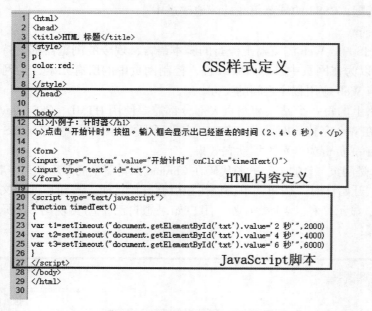

图 6.8　网页"计时器"的源代码

Web 前端开发技术经过了 Web1.0 和 Web2.0 时代，越发成熟起来，由于时代的需求和技术的进步，现在的前端页面可以实现以前难以想象的绚丽视觉和交互效果，可以无缝集成视频、音频，相关人员甚至可以在页面上通过脚本语言开发大型网页游戏和应用。

6.2.2　Android 开发技术

Android 是谷歌公司 2007 年 11 月 5 日公布的基于 Linux 平台的开源手机操作系统。目前的智能手机市场中，主要有 Android 和 iOS 两大阵营。

根据谷歌更新的 2018 年 7 月 Android 版本市场份额表可知，市场份额最大的是 Android 6.0，占市场份额 23.5%，其次是 Android 7.0，市场份额为 21.2%，第三是 Android 5.1，市场份额为 16.2%。三个版本的市场份额总体而言差距较小。但在总体上，Android 7.0 与 Android 7.1 加起来的份额已经达 30.8%，是实际市场份额中最大的一个 Android 版本。

2018 年度 Android 各个版本的市场份额如图 6.9 所示。

Version	Codename	API	Distribution
2.3.3 - 2.3.7	Gingerbread	10	0.2%
4.0.3 - 4.0.4	Ice Cream Sandwich	15	0.3%
4.1.x	Jelly Bean	16	1.2%
4.2.x		17	1.9%
4.3		18	0.5%
4.4	KitKat	19	9.1%
5.0	Lollipop	21	4.2%
5.1		22	16.2%
6.0	Marshmallow	23	23.5%
7.0	Nougat	24	21.2%
7.1		25	9.6%
8.0	Oreo	26	10.1%
8.1		27	2.0%

图 6.9 2018 年度 Android 各个版本的市场份额

1. Android 系统的四层体系结构

Android 系统的底层建立在 Linux 系统之上，由 Linux 内核层、系统运行库层、应用框架层及应用层组成，各层之间耦合度低，当下层发生变化时，上层的应用程序无须任何改变。下面将从下到上介绍 Android 平台的四层结构。

（1）Linux 内核层

Android 系统建立在 Linux 内核上，该层为 Android 嵌入式设备的各种硬件提供了底层驱动。换句话说，和硬件平台相关的核心系统服务由 Linux 内核提供，如安全性、内存管理、进程管理、网络协议和驱动等。

（2）系统运行库层

系统运行库层包括提供 Android 系统特性的函数库和 Android 运行时库两部分。

① Android 系统特性的函数库是一组 C/C++ 库，这些库为 Android 系统提供了重要的功能。通常，应用开发者不能直接调用这套 C/C++ 库集，但是可以通过上层的应用框架层来调用它。常见的一些核心库有系统 C 库、媒体库、Surface Manager、LibWebCore、SGL、3D libraries、FreeType 及 SQLite 等。

② Android 运行时库由 Android 核心库集和 Dalvik 虚拟机两部分组成。Android 核心库集允许开发者使用 Java 语言来编写 Android 应用。Dalvik 虚拟机则使每一个 Android 应用都能运行在独立的进程中，并且拥有一个自己的 Dalvik 虚拟机实例。

（3）应用框架层

Android 应用框架层提供了大量的 API 供开发者使用，开发 Android 应用程序是面向底层的应用程序框架进行的。应用框架层除可作为应用程序开发的基础外，还可以达到软件复用的目的，任何一个应用程序发布时都要遵守框架层的约定，这样其他应用程序也可使用这个功能模块。

（4）应用层

所有安装在手机上的应用程序都属于应用层。Android 系统本身包含一系列的核心应用程序，这些程序包括电子邮件客户端、短信和拨号程序、日历、地图、浏览器、联系人等，这些应用程序都是使用 Java 编写的。Android 系统的体系结构如图 6.10 所示。

图 6.10 Android 系统的体系结构

2. Android 应用程序组成部分

Android 应用程序是由开发者进行开发的，正是因为 Android 的开源特性和丰富的应用程序才使现在的 Android 应用程序如此繁荣，人们想要的大部分功能都可以在应用市场找到对应的 App。目前较流行的 Android 官方 App 开发工具集为 Android Studio。

Android 应用程序可以分为应用程序基础和应用程序组件两个方面，其中应用程序组件包括活动（Activities）、服务（Services）、意图（Intent）、广播接收者（Broadcast Receivers）、Notification 和内容提供者（Content Providers）。

① 应用程序基础。Android 应用程序的开发语言是 Java。编译后的 Java 代码和与应用程序相关的任何数据和资源文件，通过 AAPT（Android Asset Packaging Too）工具捆绑成一个 Android 包，并归档成扩展名为 .apk 的文件。这个文件用来分发应用程序，用户将 apk（android package，安卓安装包）文件下载到他们的设备上。一个 .apk 文件被认为是一个应用

程序。

② 活动。一个活动表示一个可视化的用户界面，它可以处理用户的交互事件。例如，一个活动既可以表示用户可选择的菜单列表，又可以表示短信应用的联系人名单界面，用户可以从中选择要发送信息的联系人。每一个活动都独立于其他活动。一个应用程序一般会包含多个活动。

③ 服务。服务组件没有可视化的用户界面，而是在后台运行的，而且对用户是不可见的。例如，在后台播放音乐和更新软件就需要使用到服务。

④ 意图。意图可以看成是信息的传递者，负责应用程序间或应用程序与系统之间的通信。意图可以用来启动或停止活动和服务，并在系统范围或目标活动、服务或广播接收者中广播消息，如在应用程序中打开一个网页，应用程序可以通过意图把网址传递给系统，让系统使用浏览器打开。

⑤ 广播接收者。广播接收者用来接收广播公告并做出相应的反应，大部分公告是系统级别的，如电池电量低、已复制内容、系统语言改变、关闭 Wi-Fi 等，还可以由其他应用程序发出广播公告，如下载完成。

⑥ Notification。Notification 用来提示用户。广播接收者组件本身并不能显示用户界面，如果它想通过某种方式提示用户，如振动、状态栏等，则可能需要委托 NotificationManager 去通知用户。

⑦ 内容提供者。内容提供者组件可以允许一个应用程序的指定数据集提供给其他应用程序。这些数据集可以是文件数据、数据库数据或任何其他合理的方式。只有多个应用程序间共享数据时，才需要内容提供者，如联系人数据。例如，基于 Android 的智能家居 App 如图 6.11 所示。

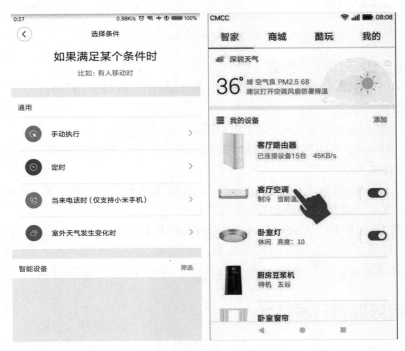

图 6.11　基于 Android 的智能家居 App

3. Android 开发工具

在早期的 Android 开发中，使用的开发工具一般是基于 Eclipse（一个集成开发环境，主要用于 Java 工程开发）搭建的，不受到谷歌官方的支持。直到 2013 年 5 月 16 日，在 I/O 大会上，谷歌推出了自家的 Android 开发环境——Android Studio，其目的是让 Android 开发更简单、更高效。Android Studio 界面如图 6.12 所示。

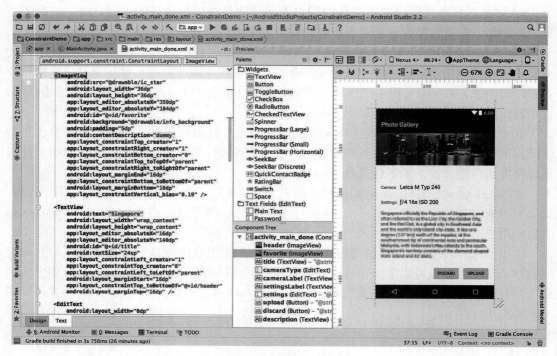

图 6.12　Android Studio 界面

其优点主要包括以下几个方面。

① Android Studio 是谷歌推出的，是专门为 Android "量身定做"的。

② 速度更快。

③ 用户界面（User Interface，UI）更漂亮，界面更加友好。

④ Android Studio 更加智能，包括自动提示补全、智能保存等功能，它可以大大提高开发人员的工作效率。

⑤ 整合了 Gradle 构建工具，Gradle 是一个新的构建工具，它集合了 Ant 和 Maven 的优点，无论是配置，还是编译、打包都十分便捷。

⑥ 强大的 UI 编辑器，Android Studio 的编辑器非常智能，除了吸收 Eclipse 加 ADT 的优点之外，还自带了多设备的实时预览功能。

⑦ 安装的时候就自带了如 GitHub、Git、SVN 等流行的版本控制系统。

▶▶ 6.3　服务器端开发技术

互联网是物联网的基础，物联网是互联网的延伸，这句话在技术层面也十分适用。互联网中诞生的大量技术和概念为物联网做了非常好的支持，如云计算、数据挖掘、人工智能等。前面说到，互联网网络架构是基于 C/S 或 B/S 模式的，如果将浏览器也视作客户端程序，那么 B/S 模式也可以视为 C/S 的一种。而物联网应用层网络架构也承自互联网，通常采用 C/S 模式，这种模式将大量的运算放到服务器端上，而将显示和与用户交互等轻量级任务放到客户端上，以此来降低对客户端的设备性能要求。本节将简单介绍主流的 Web 服务器端开发技术，并详细介绍广泛应用的 Java Web 技术。

6.3.1　服务器端开发技术概述

在前面的章节中，我们已经讲解了客户交互端的两大技术——Android 和 Web 前端开发技术，它们是目前流行的、使用人数较多的客户交互端技术。然而，客户端只是提供了用户的视图和交互操作，真正提供服务和数据的是隐藏在后端的服务器。

目前，主流的 Web 服务器端开发技术体系有 3 种，分别是 ASP（Active Server Pages）、PHP（PHP：Hypertext Preprocessor）、JSP（Java Server Pages）。

1. ASP

ASP 是 Microsoft 公司开发的服务器端脚本环境，它可以创建动态交互式网页和 Web 应用程序。它允许开发者在 HTML 页面中嵌入脚本语言（如 Visual Basic Script 和 JavaScript）。ASP 的工作原理：①用户通过客户端浏览器向 Web 服务器发出请求，请求某一个 .asp 文件；② Web 服务器调用 ASP，使其读取用户请求的 .asp 文件，并执行其中所有的脚本代码，生成 .asp 结果页面；③ Web 服务器将生成的响应结果通过网络返回给客户端服务器。

ASP 使用的 Visual Basic Script 语言也是 Microsoft 公司开发的一种可以用于 Microsoft 公司产品开发的语言。Visual Basic Script 语言学习成本低、性能好，支持 Microsoft 公司自家的 SQL Server 数据库和 Access 数据库。它的优点是拥有许多强大的组件，但是缺点也十分明显，即它只运行在 Windows 系列的操作系统上，占用 CPU 资源较多，这使得许多大中型网站效率低下，用户交互能力差。因此，ASP 作为 Web 服务器端技术一直是小众选择，适合开发一些小型网站。

综上所述，ASP 目前在 Web 开发领域相对于其他两种 Web 技术，市场占有率不高，大型 Web 应用很少使用 ASP。

2. PHP

PHP 是一种嵌入在 HTML 页面中，由服务器端的 PHP 环境解释执行的脚本语言，它于 1994 年由 Rasmus Lerdorf 创建。最初 PHP 是由 Perl 语言编写的工具程序，后来又用 C 语言重新编写，增加了数据库访问的功能。它是一款完全开源的语言，支持现在绝大部分主流的数据库，还可以管理动态内容、处理会话跟踪、发送和接收 Cookies，并负责完成一个完整网站的开发。与 ASP 只支持 Windows 操作系统不同，PHP 可以在大部分的操作系统上执行。它混合了 C、Java、Perl 及 PHP 本身自创的语法。它支持包括 Apache、IIS、Netscape 等主流 Web 服务器，而且学习简单、开发速度快，消耗的系统资源非常少。

LAMP 的组合正在逐渐流行起来，LAMP 是一个 Web 应用软件集合，指的是 Linux+Apache+MySQL+PHP 的软件组合，这套 Web 应用开发方案具有成本低、兼容度高、开发迅速的特点，LAMP 将 Linux 作为底层操作系统、Apache 作为 Web 服务器、MySQL

作为数据库、PHP 作为开发语言。整套方案所使用的技术全部为开源免费的，并且是一套
强大的网站开发解决方案。LAMP 工作原理如图 6.13 所示。

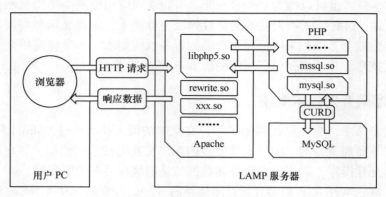

图 6.13　LAMP 工作原理

3. JSP

JSP 即 Java 服务器页面，是将 Java 脚本和 JSP 标记嵌入 HTML 页面中，并由服务器
解释执行的一种动态网页技术标准。JSP 的文件扩展名为 .jsp，具有基于 Java 语言本身
跨平台的特性，JSP 也可以在不同操作系统上运行，且不需要更改任何代码。JSP 是 Java
Servlet 技术的扩展。它具有强大的性能、良好的分层架构、强大的扩展能力。JSP 和 Java
Servlet 都是 Java EE（Java Platform Enterprise Edition，Java 平台企业级版本）技术规范的一
部分，特别适合大中型 Web 站点的开发。

6.3.2　Java Web 技术

物联网与互联网最大的不同是拥有感知层，而上层的应用层仍然使用的是互联网技
术，在这一层中，物联网与互联网在技术层面上几乎是没有差别的，所有物联网采用的
软件技术都可以在互联网应用（Web 应用）中找到。6.3.1 节已经介绍了目前 Web 应用流
行的用户交互端和服务器端技术。本节将会讲解服务器端应用广泛地与 Java Web 相关的
技术。

1. Java 语言

Java 是一种跨平台面向对象的语言，是 Sun 公司于 1995 年推出的。在 Java 语言面世
之前，我们很难想象在 Windows 环境下编写的程序可以毫无修改地在 Linux 系统中运行，
因为计算机的硬件只能识别机器指令，而不同操作系统的机器指令是不同的，所以一旦平
台发生变化，必须要修改源程序，如果我们希望程序具有跨平台的特性，达到"一次编写，
到处运行"的目的，就需要使用特殊的方法使程序设计语言可以跨越不同的硬件、软件环
境，而 Java 语言就具备了这种特性。

根据 Tiobe 官网发布的 2018 年 7 月编程语言排行榜可知，Java 依然排在第一位，在
历史榜单中，基本上也由 Java、C、C++ 三种语言霸占前三名，具体如图 6.14 所示。所
有 Android 应用程序都基于 Java，90% 的财富 500 强公司使用 Java 作为后端开发的服务
器端语言。目前 Java SE（Java Platform Standard Edition，Java 平台标准版本）的最新版

本是 Java 11。

2018年7月	2017年7月	变化	编程语言	占比	变化
1	1		Java	16.139%	+2.37%
2	2		C	14.662%	+7.34%
3	3		C++	7.615%	+2.04%
4	4		Python	6.361%	+2.82%
5	7	∧	Visual Basic .NET	4.247%	+1.20%
6	5	∨	C#	3.795%	+0.28%
7	6	∨	PHP	2.832%	-0.26%
8	8		JavaScript	2.831%	+0.22%
9	-	≪	SQL	2.334%	+2.33%
10	18	≪	Objective-C	1.453%	-0.44%

图 6.14　2018 年 7 月编程语言排行榜

　　Java 语言诞生时的目标之一就是在复杂的网络环境中满足开发软件的条件，即可以适应各种各样的硬件平台和软件环境。使用 Java 语言可以开发出适应复杂网络环境的应用系统。

　　Java 语言针对不同的应用领域，推出了 3 个不同的版本，分别是 Java SE、Java EE 和 Java ME。Java SE 提供了 Java 语言应用所需要的基础包，Java SE 允许软件开发者开发和部署在桌面、服务器、嵌入式环境和实时环境中的 Java 应用程序，它是 Java EE 的基础。Java EE 可以帮助开发者开发和部署可移植、健壮、可伸缩且安全的服务器端 Java 应用程序，Java EE 是在 Java SE 的基础上构建的，它提供 Web 服务、组件模型、管理和通信 API，使用它可以开发出企业级的面向服务体系结构（Service-Oriented Architecture，SOA）和动态 Web 应用程序。Java ME（Java Platform Micro Edition）是为移动和嵌入式等设备提供的 Java 语言平台，包括手机、电视机顶盒、打印机等，它包括虚拟机和一系列标准化的 Java API，提供了灵活的用户界面、健壮的安全模型、许多内置的网络协议等特性，但是目前行业应用仍然较少。一句话概括，Java SE 用于 PC 应用程序开发、Java EE 用于网站开发、Java ME 用于嵌入式开发。

　　Java 程序的跨平台特性与其执行的原理直接相关，开发人员使用 Java 语言编写的源代码文件是 Java 文件，以 .Java 作为扩展名。当第一次运行源代码时，编译环境中的 Java 编译器会编译 Java 文件，编译成 .class 文件，又被称为字节码文件，.class 文件的内容实际上是只有 Java 平台能识别的伪代码。接下来进入 Java 平台运行期环境，Java 类装载器将系统库和开发人员生成的 .class 文件装载、验证。JVM（Java Virtual Machine，Java 虚拟机）是 Java 可以跨平台的关键所在，JVM 将 .class 文件加载到内存，并检测代码的合法性和安全性。最后，JVM 会解释执行检测通过的代码，并根据不同的计算机平台将字节码转化成符合该平台的机器代码，并交给计算机执行，具体如图 6.15 所示。根据 Java 执行原理可以看出，Java 语言是一种半解释型语言，通过引入虚拟机，将程序运行和实际的目标机器环境隔离开，实现跨平台特性。

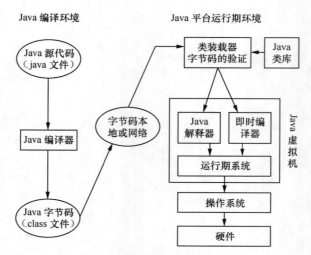

图 6.15　Java 程序的执行原理

2. Java Web

使用 Java 语言进行 Web 应用程序开发的所有技术的集合被称为 Java Web 技术。使用 Java Web 技术开发的应用被称为 Java Web 应用。一个 Java Web 应用通常由一组 Servlet 类、HTML 页面、类及其他资源文件构成。应注意的是，JSP 本质上也是一个 Servlet。Java Web 应用的组成如图 6.16 所示。

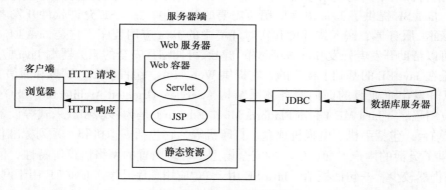

图 6.16　Java Web 应用的组成

服务器端有一个 Web 容器，该容器实际上就是一个服务程序，用于处理 Web 服务器接收的客户端请求。在 Java Web 中，Web 容器主要用于给容器中的应用程序组件（Servlet、JSP）提供上下文环境，是 Servlet、JSP 可以直接获取所需要的环境变量。Servlet 规范属于 Java EE 技术体系的一部分，可以说是 Java Web 的核心。常见的 Java Web 服务器有 Tomcat、Resin、JBoss、WebLogic 和 WebSphere 等。

知识总结

1. 物联网软件结构、应用层架构、B/S 和 C/S。
2. 用户交互端、Web 前端开发技术包括 HTML、CSS、JavaScript、Android 开发技术。

3. 服务器端开发技术、ASP、JSP、PHP、Java 语言、Java Web。

思考与练习

1. C/S 模式是什么的缩写？

2. B/S 模式和 C/S 模式的特点是什么？

3. 想一想，淘宝的 App 和网页端在技术上有什么区别？

实践活动：调研互联网公司架构技术应用现状

一、实践目的

1. 熟悉目前主流互联网公司的架构技术。

2. 了解最新的互联网服务器端架构技术。

二、实践要求

各学员通过调研、搜集网络数据等方式完成。

三、实践内容

1. 调研目前主流互联网公司的架构技术，重点调研服务器端技术。

2. 调研目前发展迅速的 3 种服务器端技术。

热度排名：

目前薪资待遇：

技术特点：

3. 分组讨论：针对调研的 3 种服务器端技术，讨论它们各自的优缺点，判断其在物联网中的发展。

拓 展 篇

第7章　物联网综合应用案例分析

课程引入

　　小明和师父去看科幻电影《钢铁侠》，里面的电影情节让小明赞叹不已，例如，人工智能的管家、高度自动化的机器人、无人驾驶的汽车、智能建筑和实验室，还有高度智能化的无人工厂。

　　小明："什么时候我们也能体验这样的生活啊。"师父："其实这些，我们身边就有，虽然还没有科幻片里那么夸张，但是像智能家居、智能交通、智能农业和智能工业等，已经慢慢地出现在我们身边了。"

　　这些都离不开物联网技术的快速发展，如谷歌的无人驾驶汽车，已经累计安全行驶了40万公里（1公里=1千米），并可以检测到车辆偏移道路、前方障碍、超速等特殊情况。还有一些智能化的物流中心，每天几十万份快件，都是由分拣机器人自动分拣的，再将其传送到不同货车上，这么大的物流中心仅仅需要几个管理人员通过监视器监管而已，真正做到了"无人"物流中心。

　　物联网应用已经慢慢融入我们身边，从共享单车、滴滴打车、智能公交到无人驾驶、智能家居，未来还会有更多的技术等着我们去开发。下面就通过智能家居、智能交通和智能农业来阐述物联网应用发展的情况。

学习目标

　　1. 识记：物联网行业典型应用。

　　2. 领会：物联网行业应用中典型的物联网技术。

　　3. 应用：物联网行业应用的发展及前景。

▶▶ 7.1 智能建筑与智能家居

7.1.1 智能建筑与智能家居概述

随着现在城市化进程的发展，高楼大厦越来越多，楼层也越来越高，这些对建筑物的各种要求也越来越高，如何在密集的大楼内保障人员安全，如何处理突发火灾，如何消耗和管理能源，这些都是传统建筑行业非常需要解决的问题。图 7.1 所示为现代化建筑。

图 7.1 现代化建筑

7.1.2 智能建筑 / 家居中的定义

现代大型建筑是一个巨型复杂系统，单靠人力是无法运作和维护的，因此必须大量利用物联网的感知技术和通信技术对建筑的状态进行检测和采集，并通过计算技术智能地决策，从而对系统设施进行自动控制、调节和管理。

一栋 40 层高的写字楼，如果需要安保人员去巡查，则需要至少 20 名安保人员轮流工作，而现在通过监控系统只需要 3 ～ 6 名安保人员轮流坐在监控室内，通过监控系统就可以了解大楼内的每一处情况。

若有突发情况如火情，消防车的云梯是无法达到大厦的高度的，因此，火灾就要控制在源头，所以智能建筑的每一处都应该安装烟雾报警装置，一旦感应到烟雾，立刻激活报警装置，打开水压电磁阀开始浇水或喷洒二氧化碳、干粉等灭火材料，及时扑灭火苗，将火灾消灭在萌芽中。

大型建筑一般采用中央空调集中控制，但是如果某一楼层内没有人员在工作，则会浪费电。如果有办法检测到人员活动，提供范围照明或者空调供应，则日积月累对于大厦的运营来说，可以节省一大笔用电费用。于是声控传感器、人体红外感应器、温度传感器也普遍被安装在大楼内，连入大楼的控制管理系统中。

智能建筑的子系统有采暖空调系统、给水排水系统、采光和照明系统、电梯与扶梯系统。此外，不同的建筑还存在不同的子系统，需要由智能建筑进行监测、控制和管理，以保障建筑整体的效率、安全和节能。

在智能建筑的基础上，人们针对住宅提出了智能家居（Smart Home）的概念，并提供了精细化的服务。

智能家居采用物联网的 RFID 技术、传感器技术、近距离通信技术及智能决策技术，将家居设备和系统有机互连并统一管理，为人们提供一个舒适、安全、环保的家居生活环境。智能家居应用如图 7.2 所示。

图 7.2　智能家居应用

7.1.3　智能建筑 / 家居中的物联网技术

1. 自动识别技术

自动识别技术在智能建筑和智能家居方面的应用主要体现在安防部分，如指纹识别的门锁、利用 RFID 技术实现工作单位的门禁、人脸识别等。智能家居门锁如图 7.3 所示。

图 7.3　智能家居门锁

2. 传感器技术

传感器技术在智能建筑和智能家居领域的应用已经变得越来越广泛，从传统的声控传感器、人体红外传感器，逐渐发展到温度传感器、光照传感器，以及涉及安全的可燃气体检测传感器、二氧化碳传感器等。为了全面感知建筑物内的环境信息，智能建筑和智能家居的传感器功能已经非常成熟。图 7.4 所示为利用二氧化碳及烟雾传感器获取厨房燃气泄漏信息的智能家居设备。

3. 无线通信技术

以前的建筑物内需要铺设电源线、网线、电话线，非常不方便，也影响美观。而现代无线通信技术的快速发展，使人们可以在任何地点利用无线通信技术进行通信，而且不用铺设大量的线路，既节省了成本，又简单方便。无线路由器如图 7.5 所示。

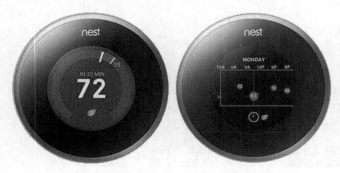

图 7.4　智能家居可燃气体检测应用

图 7.5　无线路由器

在智能家居领域里，比较常用的无线通信技术有 Wi-Fi、蓝牙、ZigBee 和红外线通信技术。

4. 室内定位技术

室内定位技术主要用于大型商场、旅游景点的定位等，使用 GPS、ZigBee 及多种传感器技术互相辅助，可以实现在室内或大型建筑多楼层内的定位。这也是目前智能建筑研究的热点方向。室内定位技术应用如图 7.6 所示。

图 7.6　室内定位技术应用

5. 智能家居应用——智能窗帘

传统的电动窗帘要通过遥控器或控制面板来进行设置，而智能窗帘能够直接通过手机被快速设置和远程操控，如图 7.7 所示。屋主出差时，可以用手机远程取消定时开关功能。若长期不在家，则可在手机上设置窗帘关闭。

图 7.7　智能窗帘

传统的电动窗帘控制方式最多两种：遥控器控制和墙壁面板控制。智能窗帘拥有多种控制方式，除了遥控器、控制面板控制外，还支持手机触控、语音控制。

智能窗帘的基本特征就是可以和其他智能产品联动。例如，早晨闹铃响起，窗帘就自动打开，窗户和背景音乐也会联动开启，让用户在温暖的阳光和新鲜的空气中伴随着美妙的音乐醒来。

7.1.4　智能建筑/家居的发展前景

1. 智能建筑/家居的机遇

智能建筑/家居的机遇如下。

① 人们对智能建筑的需求是广泛而迫切的，包括高科技建筑、智能化办公环境、普通的住宅社区等，以此来提高生活舒适度和信息化程度。

② 从可持续发展的角度来看，智能建筑的发展也是必需的。

③ 随着智能城市进程的发展，智能建筑将成为新型建筑发展的主要趋势，全国的智能建筑市场将有很大的发展空间。智能家居预计发展态势如图 7.8 所示。

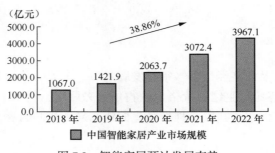

图 7.8　智能家居预计发展态势

2. 智能建筑 / 家居的挑战

智能建筑 / 家居的挑战如下。

① 缺乏整体的规划和行业规范，使建成的智能建筑质量良莠不齐。

② 智能建筑工程的规划、设计和施工队伍的技术能力不强，相关人才极度匮乏，使施工质量难以保证。

③ 我国还缺少智能建筑技术方面的原创性成果和国产化的集成产品，建成的智能建筑很难完全真正适应中国国情。

④ 智能建筑成本的提高阻碍了开发商的热情。

大开眼界

比尔·盖茨的智能家居

比尔·盖茨的豪宅，名为"世外桃源 2.0"，该名称源于《公民凯恩》里的虚构房屋，坐落在美国西雅图的华盛顿湖畔，占地 6100 平方米，是耗时七年才建造起来的大型科技豪宅。它被称为最聪明的房子，完成了高科技与家居生活的精美对接。这栋豪宅里安装了很多计算机屏幕，价值高达 80000 美元。任何人都可以让屏幕显示他们喜欢的画作或照片。这些画作或照片存储在价值 15 万美元的存储设备里。泳池也有属于自己的水下音乐系统。这所被称为"未来屋"的神秘科技住宅，从本质上来说其实就是智能家居。比尔·盖茨通过自己的"未来屋"，一方面全面展示了 Microsoft 公司的技术产品与关于未来的一些设想；另一方面也展示了人类未来的智能生活场景，厨房、客厅、家庭办公室、娱乐室、卧室等一应俱全。室内的触摸板能够自动调节整个房间的光亮、背景音乐、室内温度等，就连地板和车道的温度也都是由计算机自动控制的。此外，房屋内部的所有家电都通过无线网络连接，同时配备了先进的声控及指纹技术，屋主人进门不用钥匙，留言不用纸笔，墙上有"耳"，随时待命。尽管比尔·盖茨的"未来屋"建成至今已经有相当长的一段时间，从目前来看，其所构建的智能家居系统与理念仍然具有一定的引领性。比尔·盖茨的这座"未来屋"真实再现了美国大片中的智能场景，科技改变生活的力量，在这所科技大观园中被发挥得淋漓尽致，它似乎在向人们预示，未来一切皆有可能。

尽管比尔·盖茨的"未来屋"从当下来看，还是让人震撼，但今天的技术显然已经发生了更为深刻的改变，尤其是可穿戴设备产业的出现。我们可以预见，可穿戴设备将成为智能家居的钥匙，成为人与物智能化过程中的连接器。而智能家居作为智能穿戴产业的一个环节，其对于家居的智能化生活改造是一种必然的趋势，也是物联网时代中一个不可或缺的单位。

随着智能产业的普及，在经历了多年的发展之后，今天的各类智能产品不仅技术改变或提升了性能，关键是其商业化的价格也获得了有效下降。今天，无论我们对于智能家居的到来持何种态度，但它正在以一种平民化的状态来到我们的身边，并走进我们的现实生活。

随着社会经济水平的发展，人们日益追求个性化、自动化、快节奏、充满乐趣的生活方式，生活家居的人性化、智能化不再是少数人的专属。智能电子技术、计算机网络与通信技术的应用，正在给人们的家居生活带来全新的感受，家居智能化已经成为一种趋势。

7.2　智能交通

随着我国居民生活水平的日益提高，汽车进入了平常百姓家。2017 年年底，北京地区的汽车保有量是 564 万辆，位居全国第一。北京 2017 年年底的常住人口是 2170 万人，平均 4 个人就有 1 辆车。2018 年 7 月 16 日，公安部交通管理局官方发布数据，截至同年 6 月底，全国机动车保有量达 3.19 亿辆，汽车保有量 2.29 亿辆。这样快速的增长对每个城市的交通造成了极大的压力。

几乎每天下班高峰时期，在城市的一些主干道都会发生交通拥堵，不仅影响人们的出行和生活质量，而且一直处于怠速的汽车还会排放大量的汽车尾气，影响环境。

除了交通拥堵以外，停车难也是一个问题，找不到空闲的车位，在停车场耽误很长的时间，更加加剧了停车场的拥堵。

对于种种的交通问题，相关部门不能放任它无序地发展，必须正视这些问题，积极地想办法解决。现代交通问题如图 7.9 所示。于是，通过物联网技术改造交通的智能交通应运而生。

(a) 拥堵　　　　　　　　　(b) 事故　　　　　　　　　(c) 环境污染

图 7.9　现代交通问题

7.2.1　智能交通的定义

智能交通系统（Intelligent Transportation Systems，ITS）即通过在基础设施和交通工具中广泛应用先进的感知技术、识别技术、定位技术、网络技术、计算技术、控制技术、智能技术对道路和交通进行全面感知、对交通工具进行全程控制、对每一条道路进行全时控制，以提高交通运输系统的效率和安全，同时降低能源消耗和对地球环境的负面影响。智能交通系统如图 7.10 所示。

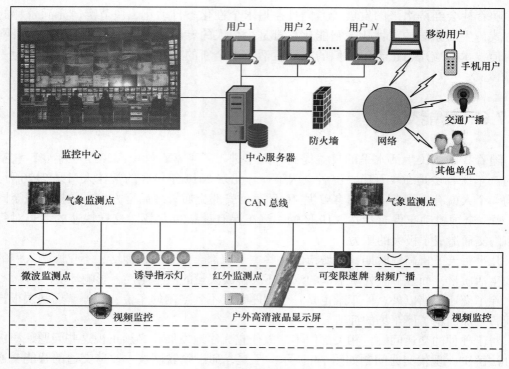

图 7.10　智能交通系统

7.2.2　智能交通的物联网技术

1. 传感器技术

　　智能交通系统中的传感器技术被广泛用于车辆状态检测，道路、天气状况检测和交通情况监测，以及车辆巡航控制、倒车监控、自动泊车、停车位管理、车辆动态称重等，具体如图 7.11 所示。

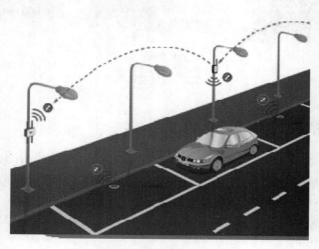

图 7.11　智能交通传感器技术

汽车内安装了很多传感器，使驾驶员可以把精力放在驾驶和路况方面，而不用关注车辆的状况。例如，通过油压传感器驾驶员可以看到仪表盘上的油量情况、雨滴传感器是否自动打开刮水器、亮度传感器是否自动打开车灯照明，是否系好安全带，车辆严重碰撞时是否弹出安全气囊保护驾驶员等。未来还会有更多的传感器安装在车上，这些都依赖于传感器技术的发展。

2. GPS 定位技术

车辆定位是大部分智能交通服务（如车辆导航、实时交通状况监测等）的基础。智能交通定位技术如图 7.12 所示。GPS 被广泛用在物流车辆、公共交通、导航定位等方面，为出行带来了很大的便利。

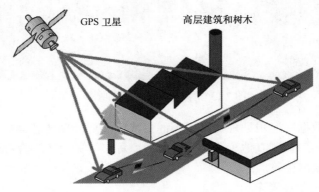

图 7.12　智能交通定位技术

3. 无线通信技术

无线通信技术主要分为以下两种。

① 近距离通信（小于几百米），主要用来进行车辆之间和车辆与路旁设施之间的信息交换，即车联网技术。驾驶员通过车辆之间的近距离通信技术获取周围路况信息，如停车位、驾驶方向和状态等，为安全驾驶提供依据，是未来实现无人驾驶的重要技术基础。

② 远距离通信，主要用来为车辆提供互联网接入服务，方便车辆获取服务和多媒体娱乐信息。如扩频微波、4G 或 5G、实现互联网接入，达到数据通信的目的。

4. 图像识别技术

图像识别技术主要用于在道路上对车辆的自动监控、车牌号识别、车速识别、驾驶行为的记录，多用于高速路、主干道等地区，对交通事故的判定、车辆跟踪、交通流量的监控起着非常大的作用。智能交通图像识别技术如图 7.13 所示。在未来，视频或图像识别技术将会在智能交通上作为重要的支撑技术。

5. 大数据分析技术

智能交通系统中需要实时地对道路状态进行监控和管理，这离不开云数据中心对大数据的运算和分析，每天如此庞大的信息量，需要云数据中心作为支持，并有效地提供交通道路状况的分析。

大数据分析引申出来的就是智能交通中的人工智能技术。智能交通需要大量的信息处理和计算决策，综合当前的车辆和道路情况为驾驶员提供辅助信息，甚至替代驾驶员对车辆进行智能控制。

图 7.13　智能交通图像识别技术

智能交通也对数据和逻辑处理提出了新的挑战，需要处理传感器信号，如需要区分危险的和善意的障碍物、预测其他车辆未来的行为、评估驾驶过程中存在的威胁、并在模棱两可的威胁情况下做出决策。

6. 智能交通——智能停车场

智能停车场是指停车场通过安装地磁感应（停车诱导）设备，连接进入停车场的智能手机，建立一个一体化的停车场后台管理系统，实现停车场停车自动导航、在线支付停车费的智能服务，全面铺设全自动化泊车管理系统，合理疏导车流，如图 7.14 所示。

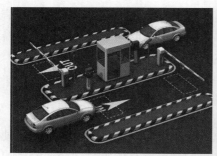

图 7.14　智能停车场应用

智能停车场将无线通信技术、移动终端技术、GPS 定位技术、GIS 技术等综合应用于城市停车位的采集、管理、查询、预订与导航服务，实现停车位资源的实时更新、查询、预订与导航服务一体化，实现停车位资源利用率的最大化、停车场利润的最大化和车主停车服务的最优化。

简单来说，智能停车场的"智能"体现在"智能找车位 + 自动缴停车费"，服务于驾驶员的日常停车、错时停车、车位租赁、汽车后市场服务、反向寻车、停车位导航。

智能停车场的目的是让驾驶员更方便地找到车位，包含线上、线下两方面的智能化。线上智能化体现为驾驶员用手机 App 获取指定地点的停车场的车位空余信息、收费标准、是否可预订、是否有充电及共享等服务，并实现预先支付、线上结账功能。线下智能化体现为让驾驶员更好地停入车位，一是快速通行，避免过去停车场靠人管理、收费不透明、进出停车场耗时较大的问题。二是提供特殊停车位，如宽大车型停车位、新手驾驶员停车位、充电桩停车位等多样化、个性化的消费升级服务。三是同样空间内停入更多的车，例如，立体停车库可以扩充单位空间的停车数量，共享停车能分时段解决车辆停放问题。

7.2.3　智能交通的应用前景和发展

1. 智能交通的应用前景

（1）智能交通监测应用

常见的智能交通监测应用包括车流监控、电子警察系统。

（2）智能交通管理应用

常见的智能交通管理应用包括自适应交通信号、可变限速标志、自动亮灯人行道、可变车道、智能匝道流量控制。

智能交通监测和管理示意如图 7.15 所示。

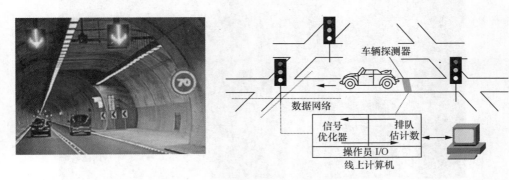

图 7.15　智能交通监测和管理示意

（3）ETC 系统

ETC 系统能够在车辆以正常速度驶过收费站时自动收取费用，这样降低了收费站附近产生交通拥堵的概率。最近这项技术也被用来加强城市中心区域的高峰期拥堵收费。

ETC 系统通过超声波、弱磁等传感器节点对车位进行实时监测，通过泛在的无线连接方式将车位信息进行实时汇聚并存储至数据云端，通过传统的电子引导牌或者智能手机、车载 GPS 等方式引导驾驶员到附近合适的空车位。

（4）辅助驾驶

辅助驾驶即通过车辆上的视频、雷达、GPS 等设备，以及车辆之间与车辆和路旁设备的通信，采集道路和车辆信息，辅助驾驶员做出操作决策，如图 7.16 所示。

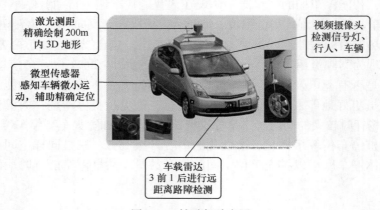

激光测距
精确绘制 200m
内 3D 地形

微型传感器
感知车辆微小运
动，辅助精确定位

视频摄像头
检测信号灯、
行人、车辆

车载雷达
3 前 1 后进行远
距离路障检测

图 7.16　辅助驾驶应用

（5）智能道路和智能行驶

智能道路和智能行驶是将道路作为信息的收集者、分发者和决策者来直接指导车辆行驶，如图 7.17 所示。在智能道路上，路面和路旁将大量布设各种信息感知、处理和通信单元。

图 7.17　智能交通车联网及智能驾驶技术应用

2. 智能交通的发展

智能交通是缓解城市交通压力、降低交通事故的重要手段，受到了政府部门和资本市场的充分重视和支持。其行业需求增长明确且空间广阔，重点企业参与的行业技术标准也正在加紧制订中。我国的智能交通行业将迎来快速发展期。2016—2020 年中国智能交通发展趋势见表 7.1。

表7.1　2016—2020年中国智能交通发展趋势

趋势	具体内容
动态感知和实时监测的信息获取	随着新一代信息技术的深度应用，对交通基础设施、交通流及环境等状态感知将更加动态和实时，这是支撑智能交通发展的基础
无处不在和随需而动的信息服务	智能交通提供的信息服务将遍及交通运输领域的各个角落，并能根据出行者需要及时间、费用、舒适、低碳等不同的价值取向，随时随地提供个性化、多样化的信息服务
主动预警和快速响应的安全保障	通过车路协同、船岸通信等方式，实现对危险情况的主动预警和事件的快速响应，为交通参与者提供更加安全、可靠的交通环境
信息共享和业务协同的运输体系	通过信息共享和业务协同的智能交通系统，推动运输通道、枢纽、运输方式等资源的优化配置，促进运输方式之间的无缝衔接和零换乘
绿色环保和可持续的发展理念	智能交通作为重要的技术手段，将为交通运输节能减排提供支撑
创新驱动和市场引导的发展模式	未来智能交通将基础设施、运载工具、出行者、服务提供者等各交通运输参与方通过信息网络与价值链连接起来，交通信息将按市场引导、价值驱动的原则在各利益相关方之间自由流动，并将产生新的应用服务模式，推动智能交通产业化的形成和发展

7.3　智能农业

智能农业（或称工厂化农业）是指在相对可控的环境条件下，农业采用工业化生产，实现集约高效、可持续发展的现代超前农业生产方式，即农业先进设施与陆地相配套，具有正确的技术规范和高效益的集约化规模经营的生产方式。

它集科研、生产、加工、销售于一体，实现周年性、全天候、反季节的企业化规模生产；集成现代生物技术、农业工程、农用新材料等学科，以现代化农业设施为依托，科技含量高、产品附加值高、土地产出率和劳动生产率高，是我国农业新技术革命的跨世纪工程。

7.3.1　智能农业的定义

智能农业是将传统作物学、农艺学、土壤学、植物保护学、资源测量学和优化控制技术等集成在农机装备上，与田间信息采集技术、优化与决策支持技术等融为一体，在3S［即GPS（全球定位系统）、GIS（地理信息系统）、RS（遥感技术）］技术的支持下，实现小范围农田定位、控制现代农业机械、实测作物生长情况和土壤条件等的差异，动态修改对定位单元范围内作物的分析、按土壤的需要变化进行施肥、病虫害管理、植物保护等方面的作业，形成"处方式耕作"方式。智能农业大棚如图 7.18 所示。

智能农业主要有以下 3 个步骤。

① 数据采集：采集土壤温/湿度、酸碱度、肥沃度、空气温/湿度、光照度、二氧化碳浓度，还要采集室外环境的风向、风力、水质等。

② 数据分析：将采集的数据进行分析、对比，利用大数据提供植物最适合的生长环境建议。

③ 实施：控制设备，如浇灌、通风、加热、加光照。

图 7.18　智能农业大棚

7.3.2　智能农业的物联网技术

1. 传感器技术

传感器技术用于采集数据，如温 / 湿度传感器、气敏传感器、化学元素传感器、酸碱度传感器、风力 / 风向传感器等，可以及时发现环境变化，及时调整影响动植物的生长因素，智能农业传感器应用如图 7.19 所示。

图 7.19　智能农业传感器应用

2. 无线传感器网络技术

无线传感器网络技术有 ZigBee、Wi-Fi、组网技术等。因为对于土壤湿度等不能使用单个传感器来获取大面积数据的因素，需要多个传感器共同获取和计算，所以传感器之间也需要进行通信，这样的通信方式普遍使用近距离的无线通信技术。无线通信技术造价较低、安装方便、比较美观，且维护方便，因此得到了广泛的普及。智能农业无线传感器网络如图 7.20 所示。

3. RFID 技术

RFID 技术用于对动植物的标识，如在牲畜的身体上佩戴 RFID 识别卡，以记录体重、生长情况等信息，以便更好地监管，如图 7.21 所示。

4. 条码技术

条码技术用于对物品进行标识和商品描述，在农产品追根溯源方面得到普及。产销履历的前端将数以万计的标签附在每件农产品或其外包装上，标签起着面向消费者的数据界面的作用，如图 7.22 所示。

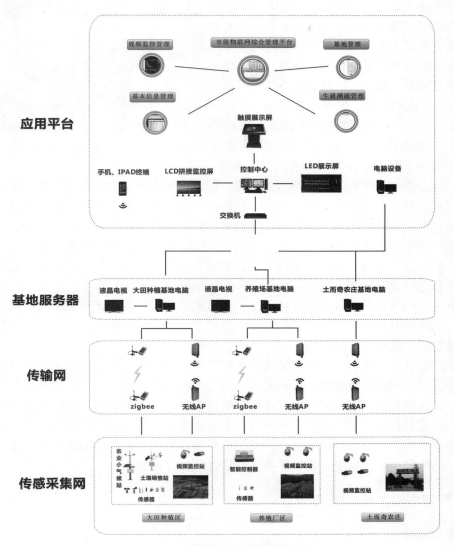

图 7.20　智能农业无线传感器网络

图 7.21　智能农业 RFID 技术应用

图 7.22　智能农业条码技术应用

5. 智能农业——农产品追根溯源

食品安全关系人民群众的身体健康和生命安全，农产品追根溯源可建立一个覆盖农产品从初级到深加工各阶段的信息库，一旦出现问题农产品，工作人员能及时发现、及时处理，同时起到规范农产品种植、加工，帮助规范化的农产品生产企业树立品牌的作用，如图 7.23 所示。

以农产品追溯码为信息传递载体，以农产品追溯标签为表现形式、以农产品溯源信息管理系统为服务手段，实现对各类农产品的种植、

图 7.23　智能农业条码技术在追根溯源方面的应用

加工、流通、仓储及零售等各个环节的全程监控，实现农产品生产全程网络化管理，并对农产品追溯信息进行整理、分析、评估、预警，从而完善国家食品安全监管体系。消费者可以随时查询食品的相关信息，确保吃上放心食品；打造智慧农业，保证农产品的安全信誉。

追溯过程是怎么实现的？种植环节从种子 / 肥料购入、播种、灌溉、施肥等工作信息的记录，到采摘、检测等信息的记录，根据非同批次号进行全过程数据采集、监控，实现种植环节信息的追溯管理。同时，农业生产采用物联网技术在农业上的应用，构建智能农业，根据无线网络获取植物生长环境信息，如监测温度、湿度、光照强度、植物养分含量等参数，实现所有基地测试点信息的获取、管理、显示和分析处理，对农业园区的运行施行自动化控制、管理。

从农产品进厂、检测、加工，依次按各批次号进行全程追踪、信息采集，每个加工完的产品都会赋予相应批次号的二维码标签。通过 GPS/GIS 技术，工作人员对农产品运输全过程进行全面监控和管理，保证农产品的运输过程安全。终端销售，即消费者在购买到农产品后，可通过扫描二维码标签信息进行溯源，确保买到放心的、健康的、有保证的安全食品。建立农产品安全追溯网络平台，终端消费者可根据追溯码在网站上直接查询，追溯了解农产品的种植、深加工、物流等各环节信息，并可查询真伪。

7.3.3　智能农业的应用和发展

1. 智能农业的应用

在现代农业中，智能大棚无疑是智能化的农业生态环境。智能大棚这个应用情景由传感器数据采集、智能控制、数据传输、后台智能控制四部分组成。智能大棚需要进行环境的监测，如空气温 / 湿度、光照度、光合有效辐射等；还需要进行土壤墒情的监测，比如土壤温 / 湿度、土壤张力、土壤 pH 值和土壤电导率值。智能大棚需要安装智能控制设备，控制现场的卷帘、天窗、湿帘、遮阳网、灌溉电磁阀门和水泵等，根据传感器了解现场环境和土壤的数据变化情况，利用智能控制设备调节现场的环境和土壤的数据，让农作物在最优的环境下生长。

一般智能大棚离居住地有一段距离，所以基于物联网卡的移动网络应用比较广泛。在这个环境中，农产品追根溯源系统可以建立一个智能网关，由网关集中卡来搜集各个传感器的数据，该数据被上传到后台智能控制服务器后进而被传到种植者的手机 App 里面，种植者根据智能控制服务器或手机 App 发送指令来控制水泵的开启及卷帘、天窗、湿帘等的开收，实现远程操控的目的。

物联网技术将信息气象站与水肥一体自动化系统相连。通过对大数据的收集、分析以及汇总，虚拟的云平台可以自动发布指令。大棚中安装的智能滴灌设备能够让种植者实现远程控制，能依靠智能传感器系统，对农田中土壤的湿度、二氧化碳与氧气的含量、农田周边的温度等进行监控，实现全自动浇水、施肥，通过精确的计算，能够控制浇多少水、施多少肥以及水肥配比等，不但节省了人工成本，还提高了农作物产量。

📖 大开眼界

神奇的智能农业

2008 年，美国 Crossbow 公司开发了基于无线传感网络的农作物监测系统，该系统基于太阳能供电，能监测土壤温/湿度与空气温度，通过浏览器为客户提供了农作物健康、生长情况的实时数据，已经在美国批量应用。美国加州 Camalie 葡萄园在 4.4 英亩（1 英亩≈4 046.9 平方米）区域部署了 20 个智能节点，组建了土壤温/湿度监测网络，同时还监测酒窖内存储温度的变化，管理人员可通过网络远程浏览和管理数据。在应用了网络化的监测管理之后，葡萄园的经济效益显著提高。与 2004 年的 2t 产量相比，2005—2007 年的产量逐年翻一番，分别达 4t、8t 和 17.5t，同时也改善了葡萄酒品质，节省了灌溉用水。日本富士通公司开发的富士通农场管理系统以全生命周期农产品质量安全控制为重点，带动设施农业生产、智能畜禽和智能水产养殖，实现设施农业管理、养殖场远程监控与维护、水产养殖生产全过程的智能化。

有报告显示，以应用（硬件和网络平台及服务）为基础的智能农业市场从 2016 年的90.2 亿美元达到 2022 年的 184.5 亿美元的规模，年均复合增长率 13.8%。

2. 智能农业的发展

互联网、物联网技术的发展，已经为智能农业提供了腾飞的翅膀。智能农业的发展前途不可限量。

智能农业就是利用信息技术对农业生产进行定时、定量管理，根据农产品（含粮食、水果和肉类等）的生长情况合理分配资源，实现农业精细化、高效化、绿色化生产。

智能农业是指在生产领域精准精细，在经营领域高度地定制农业，在信息服务领域全方位地产生动态的实时信息，最后实现精准、精致、高效和绿色的农业生产目标。

科技部、农业部、水利部、国家林业局、中国科学院、中国农业银行共同制定了《国家农业科技园区发展规划（2018—2025 年）》（以下简称《规划》）。《规划》提出，到 2020年，构建以国家农业科技园区为引领，以省级农业科技园区为基础的层次分明、功能互补、特色鲜明、创新发展的农业科技园区体系。到 2025 年，把园区建设成为农业科技成果培育与转移转化的创新高地，农业高新技术产业及其服务业集聚的核心载体，农村大众创业、万众创新的重要阵地，产城镇村融合发展与农村综合改革的示范典型。

同时，《规划》还指出，打造科技创业苗圃、企业孵化器、星创天地、现代农业产业科技创新中心等"双创"载体，培育一批技术水平高、成长潜力大的科技型企业，实现标准化生产、区域化布局、品牌化经营和高值化发展，形成一批带动性强、特色鲜明的农业高新技术产业集群。

总体来说，物联网应用离不开物联网的四层体系结构：感知层，用于获取自然界的信息，把物理世界的信号转变为能够被计算机识别的数字信息，在物联网行业应用中，以传感器技术、RFID 技术、嵌入式硬件技术、自动识别技术为主；传输层，用于传输数据，根据通信距离的长度可以分为近距离无线通信技术，如 ZigBee、蓝牙、Wi-Fi、NB-IoT 等技术、无线通信技术，目前以 4G 通信技术为主，并展望 5G 技术的到来，以及数据通信广域网；平台层，用于对数据进行集中处理，依赖于大数据中心，主要有大数据存储技术和大数据分析技术；应用层，需要前端技术，如 Web 开发、物联网移动应用开发技术等。

未来，我国会在物联网各个领域继续投入大量资源，对物联网应用支援的行业会越来越多。物联网未来的应用场景将不可想象，会有越来越多实际的应用出现在我们身边。

知识总结

1. 智能建筑与智能家居的定义、应用技术、发展前景。
2. 智能交通的定义、应用技术、发展。
3. 智能农业的定义、应用技术、发展。

思考与练习

1. ETC 的全称是什么？
2. 智能家居中的物联网技术有哪些？
3. 智能交通中有哪些物联网技术？

实践活动：调研物联网智能家居或智能交通产业的应用现状

一、实践目的
1. 了解生活中的物联网应用。
2. 分析生活中物联网应用的系统构成。
二、实践要求
各学员通过现场考察、网络搜索等方式完成。
三、实践内容
1. 调研生活中物联网智能家居或智能交通应用情况。
2. 对物联网应用的一个实例从分层结构上做详细说明。

场合：

用途：

设备：

各层功能：

3. 分组讨论：针对物联网的智能家居或智能交通应用做一个讨论，分析目前物联网应用比较广泛的领域还有哪些。

第8章 探究智能硬件平台技术

通过对前面内容的学习，小明对物联网系统已经有了一个清晰的认识，也认为物联网将会是未来社会发展的主要方向。经过深思熟虑，小明决定把自己的目标定为要成为一名物联网工程师，从事物联网行业的技术开发工作。那么在目前的阶段，小明应该学习什么知识，掌握什么技能，他还是一头雾水。下面，我们就根据小明的需求，对电子专业的硬件平台、软件开发技术、热点技术及物联网行业的岗位与需要的技能进行分析，帮助小明快速适应物联网的岗位需求。

1. 识记：物联网硬件与软件开发技术。
2. 领会：物联网的热点技术。
3. 应用：了解物联网系统的不足，了解物联网行业的主要岗位及需要的技能。

▶▶ 8.1 智能硬件平台

随着物联网的推广和普及，未来全球会有几百亿台智能设备的缺口，如今随着创客概念的兴起，开源硬件也越加火热。下面就让我们来看看现在都有哪些主流的开源硬件平台，有哪些系统软件是我们必须了解的，为自己未来成为一名物联网工程师做一个良好的铺垫。

8.1.1 单片机技术

单片机又称单片微控制器，它不是完成某一个逻辑功能的芯片，而是把一个计算机系统集成到一个芯片上。概括地讲，一块芯片就成了一台计算机。它的体积小、质量小、价格便宜，为学习、应用和开发提供了便利条件。

单片机诞生于 1971 年，经历了 SCM（Single Chip Microcomputer，单片微型计算机）、MCU（Micro Controller Unit，微控制器）、SoC（System on Chip，片上系统）三大阶段，早期的 SCM 单片机都是 8 位或 4 位的，其中较成功的是英特尔的 8051，此后在 8051 的基础上发展出了 MCS–51 系列 MCU 系统。51 系列单片机如图 8.1 所示。

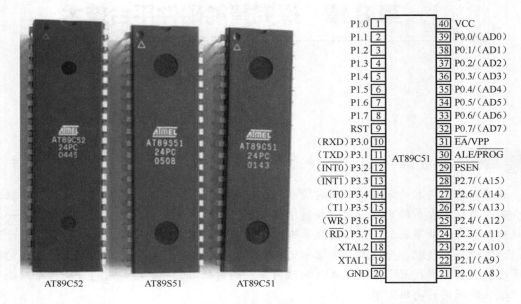

AT89C52　　　AT89S51　　　AT89C51

图 8.1　51 系列单片机　　　AT89C-51 的引脚排列

单片机就是一种集成电路，能够进行数学和逻辑运算，根据不同的使用对象来完成不同的任务，如其可以控制指示灯的亮灭、电动机的起动与停止等。具有同样硬件结构的单片机通过不同的软件，可以实现各种不同的功能，以完成不同的控制任务。

最小的单片机系统应该包括单片机、晶振电路、复位电路。高校现在大量运用的是英特尔的 51 系列单片机，将其作为学生的入门硬件平台。单片机的应用领域如下：

① 在智能仪器仪表中的应用；

② 在工业测控中的应用；

③ 在计算机网络和通信技术中的应用；

④ 在日常生活及家电中的应用；

⑤ 在办公自动化方面的应用。

单片机的各种应用如图 8.2 至图 8.4 所示。

图 8.2　自动循迹小车

图 8.3　烟雾报警器

图 8.4　太阳能控制器

8.1.2　嵌入式系统

嵌入式系统是以应用为中心，以计算机技术为基础，软硬件可裁剪，对功能、可靠性、成本、体积、功耗有严格要求的专用计算机系统。嵌入式系统有三个明显的特点。

① 以应用为中心。应用即产品在实际生活中的使用，嵌入式产品听着感觉陌生，但它们存在于我们生活的方方面面。

② 软硬件可裁剪。此特点包含两方面，即软件可裁剪性和硬件可裁剪性。众所周知，常用的 PC 主要由四部分组成：处理器、外设、操作系统和应用程序，嵌入式系统也基本相同。

③ 对功能、可靠性、成本、体积、功耗有严格要求。嵌入式设备的应用环境相对于 PC 来讲较为极端，即环境需具有绝对的稳定性。

嵌入式系统，通俗来说，就是在已有的硬件上移植操作系统的系统。它建立在单片机技术的基础上，单片机的工作模式是利用软件编程控制硬件，实现一些具体功能。嵌入式系统即在软件与硬件之间加入一个操作系统，嵌入式应用示意如图 8.5 所示。

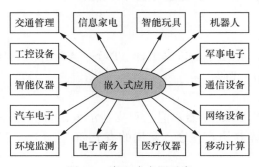

图 8.5　嵌入式应用示意

从应用角度，嵌入式操作系统可分为通用型嵌入式操作系统和专用型嵌入式操作系统。常见的通用型嵌入式操作系统有 Linux、UCOS–Ⅱ、Windows CE、Android 等。

从实时性角度，嵌入式操作系统可分为实时嵌入式操作系统和非实时嵌入式操作系统，前者主要面向控制、通信等领域，如 Wind River 公司的 VxWorks、QNX 系统软件公司的

QNX、ATI 的 Nucleus 等；后者主要面向消费类电子产品，包括掌上电脑、移动电话、机顶盒、电子书、网络免费电话等。

目前，用到嵌入式系统的 IT 领域包括以下内容：Android 嵌入式开发；Linux 嵌入式开发；智能手机、平板式计算机、智能手表；可穿戴设备，如谷歌眼镜、小米手环；无人机；VR 头盔；无线路由器等。

下面介绍 Android 和 iOS 这两种操作系统。

Android 是一种基于 Linux 的自由及开放源代码的操作系统。它主要被用于移动设备，如智能手机和平板式计算机，由谷歌公司和开放手机联盟领导及开发。

iOS（原名 iPhone OS，自 iOS 4 后改名为 iOS）是苹果公司为移动设备所开发的专有移动操作系统。它所支持的设备包括 iPhone、iPod Touch 和 iPad 等。与 Android 不同，iOS 不支持任何非苹果的硬件设备。

8.1.3　主流开发工具

单片机系统、嵌入式系统开发中除了需要必要的硬件外，还需要软件。我们写的汇编语言源程序要变为 CPU 可以执行的机器码有两种方法，一种是手工汇编，另一种是机器汇编，目前我们已极少使用手工汇编的方法。机器汇编通过汇编软件将源程序变为机器码。在单片机发展初级阶段，较普及的 MCS–51 单片机的汇编软件使用的是 A51 编译软件。随着单片机、嵌入式开发技术的不断发展，硬件开发平台的类型不断多样化，编程的模式也从早期的汇编语言开发转变为高级语言的使用，单片机使用的开发软件也在不断发展。比较主流的单片机编译软件有下列几类。

1. 51 系列单片机

我们可以使用 Keil μVision 编译 51 系列单片机的程序代码，这种编译支持对 AT83/87/89 系列、STC89 系列等系列单片机的程序编译，我们可以使用 STC 下载程序代码。51 系列单片机可作为初级学习者学习单片机时的一款设备，学习者可以通过对它内部资源的开发掌握各种单片机的使用方法，通过对它外部资源的开发掌握用单片机开发电子产品的方法。

2. AVR 单片机

我们使用 ICCAVR 与 AVR Studio 来编译 AT90S、ATtiny、ATMEGA 系列单片机，也可以使用 AVR–ISP 下载程序代码。

3. PIC 单片机

PIC 单片机使用 MPLAB 编译器，但它只支持汇编语言的程序设计与调试，需要第三方编译器的支持才能编译 C 语言程序，常用的有 PICC 编译器，我们可以使用 microbrn 下载程序代码。

4. MSP430 单片机

MSP430 单片机使用 IAR EW for MSP430 3.42A 编译器，是一款非常好的超低功耗单片机，常用来开发手持设备、仪器仪表等。

5. STM32 单片机

STM32 单片机使用 Keil 编译器，它是 ARM Cotrex–M3 内核的一款嵌入式单片机。我们使用 mcuisp 下载程序代码，可以用 J-Link V8 仿真调试程序代码。STM32 单片机也是当今流行的一款嵌入式单片机。

下面我们简述几种典型的编译软件，使大家对编译软件的使用有一个直观的认识。

① Keil μVision 是 Keil Software 公司（现已被 ARM 公司收购）开发的集成开发环境，目前较新的版本是 Keil μVision5。Keil 软件编译工具如图 8.6 所示。

图 8.6　Keil 软件编译工具

② IAR Embedded Workbench（IAR EW）是瑞典 IAR Systems 公司为微处理器开发的一个集成开发环境，支持 ARM、AVR、MSP430 等芯片内核平台，如图 8.7 所示。

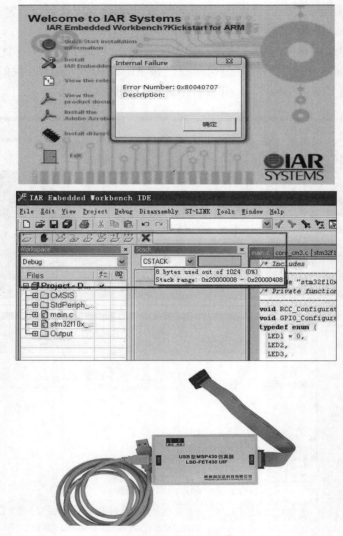

图 8.7　IAR 软件编译工具

③ Android Studio 是谷歌推出的一个 Android 集成开发工具。它基于 IntelliJ IDEA，具体如图 8.8 所示。类似 Eclipse ADT，Android Studio 提供了集成的 Android 开发工具用于开发和调试。

图 8.8　Android Studio 软件编译工具

8.1.4　硬件电路的原理图及 PCB 设计

PCB 设计工程师是近几年才出现的一个工种，高水平的 PCB 设计师可以设计出一款可靠的电子产品，有时候还可以引领一个行业的发展，如无人机，每家电子公司的产品都需要经过 PCB 设计这个环节。因此，作为一个物联网开发人员，只有对电路原理图的设计和电路印制图的设计有一定的认识，才能在物联网行业有更广泛的发展空间。

1. PCB 的定义

PCB（Printed Circuit Board，印制电路板）如图 8.9 所示，每一种电子设备中都会有它的存在。一个功能完整的 PCB 主要被用来创建元器件之间的连接，如电阻、电容、电感、二极管、晶体管、集成芯片等的连接，它是整个逻辑电路的载体。

图 8.9　PCB 示意

PCB 的创造者是奥地利人保罗·爱斯勒（Paul Eisler）。1936 年，他首先在收音机里采用了 PCB。1943 年，美国将该技术多运用于军用收音机；1948 年，美国正式认可此发明可用于商业用途。自 20 世纪 50 年代中期起，PCB 才开始得到广泛运用。

PCB 根据电路层数分类，可分为单面板、双面板和多层板。常见的多层板一般为四层板或六层板，复杂的多层板可达几十层。

2. 常见的 PCB 绘图工具

（1）Altium Designer

Altium Designer 是原 Protel 软件开发商 Altium 公司推出的一体化电子产品开发系统，主要在 Windows 操作系统运行，如图 8.10 所示。这套软件完美融合了原理图设计、电路仿真、PCB 绘制编辑、拓扑逻辑自动布线、信号完整性分析和设计输出等技术。

（2）OrCAD

OrCAD 是一款在 PC 上使用的电子设计自动化套装软件，电子工程师用其设计电路图和相关图表，以及设计 PCB 所用的印刷图并进行电路模拟，如图 8.11 所示。

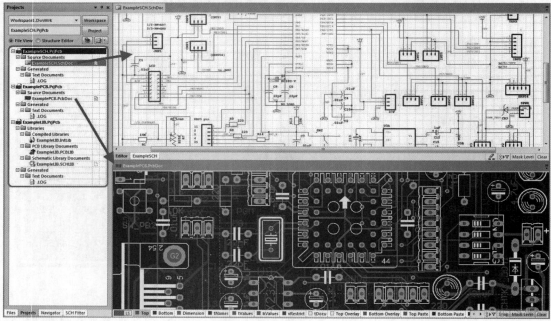

图 8.10 Altium Designer 绘图软件

图 8.11 OrCAD 绘图软件

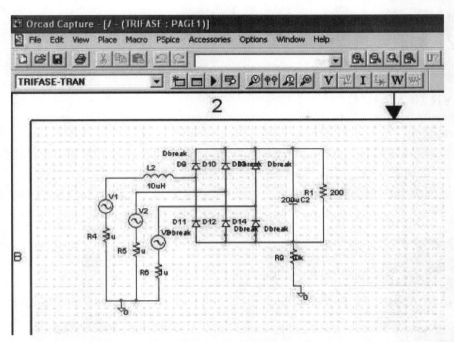

图 8.11　OrCAD 绘图软件（续）

3. PCB 经典设计流程

① 原理图设计：原理图设计的工作量不是很大，但重要性毋庸置疑，一个正确的原理图才是整个电路板功能良好的保证。

② 创建原理图网表：原理图绘制之后，就要生成网表，为了在之后导入 PCB 绘制软件时使用。

③ 创建机械设计图：设置 PCB 外框及高度限制等相关信息，产生新的机械图文件并保存到指定目录。

④ 读取原理图网表：将原理图网表读到 PCB 软件中。

⑤ 设置 PCB 板的基本信息：开始布线之前一定要先设置好 PCB 的板层、栅格间距、颜色及设计约束等。

⑥ PCB 布局：除十分简单的原理图外，建议根据原理图的功能分布进行合理的手动布局。

⑦ PCB 布线：手动布线时间长，但更加精细，符合实际要求；自动布线速度快但会使用较多的过程控制，一般建议使用手动布线或者结合两种方法进行布线。

⑧ 放置测试点：在合适的位置放置一些电压测试点，方便电路板制成之后进行快速测试与确认。

⑨ 顶层和底层的铺铜：这一步不是必需的，但绝大部分成熟的设计会进行此步骤。这样不仅可以加固电路板，防止翘曲，而且能够增强 PCB 的屏蔽性能，提高 PCB 的抗干扰能力。

⑩ 约束规则检查：在布线之前，如果设计一些约束规则，则要进入约束表进行查验，检查所有走线设计等是否都符合规则。

8.2 物联网热点技术

8.2.1 VR 和 AR 技术

1. VR 技术

VR 技术是一种能够创建和体验虚拟世界的计算机仿真技术。它利用计算机生成一种交互式的三维动态视景，使用户能够沉浸到某些特定环境中。

VR 技术应用的领域很多，如游戏、医疗、直播、影视、营销、教育、社交等，如图 8.12 所示。

图 8.12　VR 技术应用场景

我们通过 VR 技术有针对性地创造虚拟场景可以帮助治疗许多心理问题，如自闭症、老年孤独症、幽闭恐惧症、恐高症以及其他心理障碍，如图 8.13 所示。

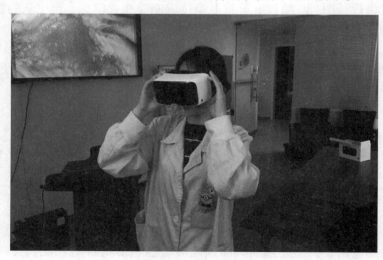

图 8.13　VR 医疗应用场景

虚拟购物商城环境使用户以三维的形式观看相关物品，用户可以触摸、把玩、试用商品。VR 技术可以提升购物体验，开辟购物新平台，如图 8.14 所示。

图 8.14　VR 购物应用场景

2. AR 技术

AR（Augmented Reality，增强现实）是一种实时计算摄影机影像的位置及角度并加上相应图像的技术。这种技术的目标是在屏幕上把虚拟世界套在现实世界并进行互动。AR 技术不仅展现了真实世界的信息，也显示了虚拟的信息，两种信息相互补充、叠加。在视觉化的 AR 中，用户利用头盔显示器，把真实世界与计算机图形重合在一起，这样，用户可以感受到真实的世界围绕着它，如图 8.15 所示。

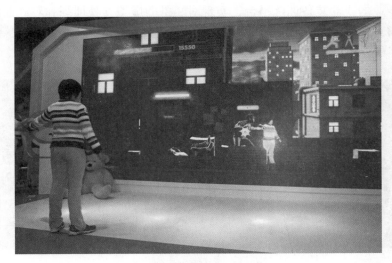

图 8.15　AR 游戏应用场景 1

AR 系统具有三个突出的特点：①真实世界和虚拟世界的信息集成；②具有实时交互性；③在三维尺度空间中定位虚拟物体。AR 技术可广泛应用到军事、医疗、建筑、教育、工程、影视、娱乐等领域。

（1）AR 在娱乐游戏行业的应用

游戏和 AR 如何结合呢？利用 AR 实景技术，办公室、卧室、客厅可以变成战场；用手机拍下的每一处场景都可以被当作游戏的舞台。我们可在人头攒动的街头，对着天空中出现的怪物进行射击，虚幻和真实的结合让人难以区分，如图 8.16 所示。

图 8.16　AR 游戏应用场景 2

（2）AR 在军事领域的应用

AR 技术在军事领域应用的历史比较久远。我们在电影里看到的狙击手的十字瞄准画面，其实就是一种典型的 AR 技术的应用。

现在出现了不少专业化的 AR 军事模拟训练系统，如坦克 AR 系统，如图 8.17 所示。该系统搭建专业的武器装备训练平台，实现对装备的虚拟驾驶训练和对武器的操作训练、性能展示、运行原理仿真及虚拟拆装。受训人员通过虚拟交互和感受获得真实效果的视觉、听觉和体感体验，迅速掌握武器装备的驾驶、拆装等操作。

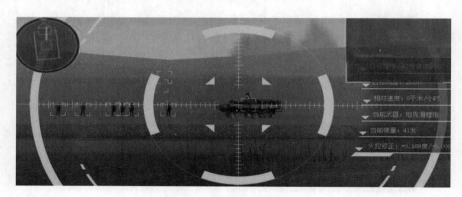

图 8.17　AR 军事模拟场景

3. AR 与 VR 的关系

AR 技术是指计算机在现实影像上叠加相应的图像技术，利用虚拟世界套入现实世界并与之进行互动，达到"增强"现实目的的技术。

VR 技术是指在计算机上生成一个三维空间，并利用这个空间给使用者提供关于视觉、听觉、触觉等感官的虚拟体验，让使用者体验身临其境的感觉的技术。

两者关系如下：

AR 是增强现实显示技术，VR 是虚拟实现显示技术，两者最大的不同：VR 技术是通过佩戴特殊设备硬件的方式让使用者沉浸在虚拟世界中的技术，而 AR 则是将一些虚拟的元素加入现实，使使用者可以与其进行互动，真实地感受虚拟元素。

使用者通过 AR 技术所看到的场景和物体是半真半假的，即虚拟画面会覆盖到现实物体上，而使用者通过 VR 技术所看到的场景则全部都是虚拟场景，一切都是电脑制作出来的场景和特效。

8.2.2 AI 技术

2015 年，一个玩具厂商推出了 CogniToys，一个能跟孩子对话的绿色小恐龙，这个 AI 的萌芽应用当选"2015 年度最佳玩具"，如图 8.18 所示。

2016 年，科技界的大事之一有阿尔法狗大战李世石，问鼎围棋，将 AI 推向高潮，AI 的概念开始在全球流行，并第一次出现在普通大众的生活中。2017 年 10 月，最新版本的阿尔法狗从零自学三天，就将上个版本的阿尔法狗打败了，AI 再次进入人们的视野。

AI 终究只是一门技术，AI 的应用才是真真切切人们看得见、摸得着的改变。

AI 是研究、开发用于模拟、延伸和扩展人的智能的理论、方法、技术及应用系统的一门新的技术科学。该领域的研究包括机器人、语言识别、图像识别、自然语言处理和专家系统等，主要研究如何用人工的方法和技术，使用各种自动化机器或智能机器（主要指计算机）模仿、延伸和扩展人的智能，实现某些机器思维或脑力劳动的自动化。AI 的知识图谱如图 8.19 所示。

图 8.18　CogniToys

图 8.19　AI 的知识图谱

AI 应用的范围很广，包括计算机科学、金融贸易、医药、诊断、重工业、运输、远程通信、在线和电话服务、法律、科学发现、玩具和游戏、音乐等诸多方面。

1. 机器人

较成功的机器人是 Boston Dynamics 公司的 Big Dog 等机器人。Big Dog 的正式名称为"步兵班组支援系统"，有四条可活动自如的腿，即使在火海中也毫不畏惧，能够携带辎重在崎岖不平的山路上行走 30 千米，主要任务就是帮助陆战队员在行军时运载装备，如图 8.20 所示。

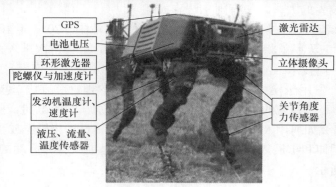

图 8.20　Big Dog 机器人

2. 计算机视觉

　　计算机视觉是一门研究如何使机器"看"的科学，更进一步地说，其是指用摄影机和计算机代替人眼对目标进行识别、跟踪和测量，并进一步做图像处理，用计算机将其处理成为更适合人眼观察或传送给仪器检测的图像的一种技术，如图 8.21 所示。所以，图像识别是计算机视觉一个子集。AR 领域大量应用计算机视觉，典型的就是 Microsoft 公司的 Hololens。

图 8.21　三维虚拟角色

3. 知识图谱

知识图谱旨在描述真实世界中存在的各种实体或概念，是一系列结构化数据的处理方法。例如，Google Play Movies & TV 应用中添加了一项功能，当用户使用 Android 系统暂停视频播放时，视频旁边就会弹出屏幕上的人物或者配乐的信息，如图 8.22 所示。

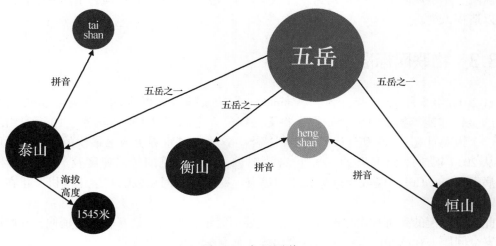

图 8.22　知识图谱

4. AI 医生

AI 医生通过 AI 模型，预先判断疾病的几种可能性，检查方法并制订用药建议，它的"大脑"里有数十万份电子病历和十多万份医学词条，从中找出与病人病症类似的病例并不是难事，如图 8.23 所示。事实上，通过 AI 技术，癌症早期筛查变得更加精准，腾讯的一款 AI 医学影像产品"腾讯觅影"，对早期食管癌的筛查准确率高达 90%；IBM 的 Watson 对肺癌治疗建议匹配度达 96%，超过了大部分专家级医生；谷歌早在两年前就开发了一套神经网络，能通过眼部医学造影来探测糖尿病视网膜病变。

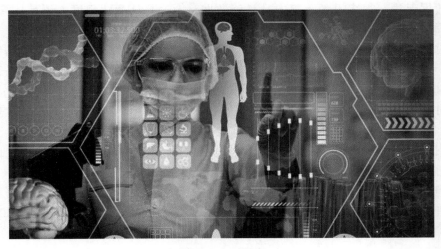

图 8.23　AI 医生

目前 AI 技术主要被应用于感知智能技术，因此市场空间尚未打开，我们预计，随着如无人驾驶汽车等认知智能技术的加速突破与应用，AI 市场将加速扩大，未来"AI+ 汽车""AI+ 医疗"等产业均将创造巨大的价值。

AI 将是未来科学技术发展的主要方向，虽然目前还面临着许多困境，如伦理风险、技术风险、军事风险等，但是其虽然有危险，但只要人类能找到合理利用的方法，同样它也可以造福人类。

▶▶ 8.3　物联网标准与安全

自 2017 年 5 月 12 日起，名为 WannaCry 的勒索病毒肆虐全球，受害者被要求支付一定的金钱才能解密文件，否则文件将无法恢复。全球超过 150 个国家、10 万家组织或机构、个人总计超过 30 万台计算机受到感染。这大概是世界上成名最快的一款互联网程序。从 2017 年 5 月 12 日开始，短短 24 小时内，由于罕见的传播速度及严重的破坏性，勒索病毒 WannaCry 已经成为全球关注的焦点，一场互联网领域的"生化危机"正在全球上演。

此次大规模的病毒攻击也给我们一个重要的警示，物联网是互联网的延伸，互联网遇到的安全问题，在物联网系统中同样会出现，而且有可能更为致命。

8.3.1　物联网存在的安全隐患

物联网一般被认为是由感知层、网络传输层、应用层构成的一个系统。

感知层包括传感器节点、终端控制器节点、感知层网关节点、RFID 标签、RFID 读写器设备，以及近距离无线网络（如 ZigBee）等。网络传输层主要以远距离广域网通信服务为主。应用层主要以云计算服务平台为基础，包括云平台的各类服务和用户终端等。因此，物联网遇到的安全问题基本存在于这三个层面上。物联网目前主要存在的安全威胁包括以下四点。

① 数据保护：很多设备收集的是敏感数据，无论是从商业角度，还是从管控角度，数据的传输、存储和处理都应该在安全情况下进行。

② 攻击界面扩大化：物联网时代会有更多的设备被连接在网上，这样 IT 基础设施范围会进一步扩大，攻击者会试探着去破解；与用户的终端不同，很多物联网设备需要永久在线和实时连接，这一特征使它们更容易成为攻击的目标。

③ 对物联网运行过程的攻击：那些想干扰一个特定企业活动的行为，会让更多基础设施、设备和应用成为攻击目标，攻击者通过 DoS 攻击威胁、破坏个人设备。

④ 僵尸网络：未得到有效保护的物联网设备可能会遭到僵尸网络的攻击，这会大大降低企业的运行效率，长期如此将会导致企业声誉受到损失。

所有这些威胁在一定程度上依赖物联网设备的潜在漏洞，因此，我们在部署和管理物联网设备时应该具有安全意识。给物联网带来潜在威胁的常见技术和设备如图 8.24 所示。

图 8.24 对物联网造成潜在威胁的常见技术和设备

8.3.2 物联网感知层漏洞

感知层由具有感知、识别、控制和执行等能力的多种设备组成。这些设备能采集物品和周围环境的数据，完成对现实物理世界的认知和识别。感知层感知物理世界信息采用的两大关键技术是 RFID 技术和无线传感器网络技术。因此，探讨物联网感知层数据信息安全的重点在于探讨 RFID 系统和无线传感器网络系统的安全。下面我们就来看一看目前无线传感器网络和 RFID 技术遇到的安全威胁。

无线传感器网络经常遇到的问题是信息监听，攻击者可以轻易监听单个或多个通信链路中传输的信息，获取其中的敏感信息。例如，360 水滴摄像头直播的网络攻击事件，就是黑客通过侵入大量的摄像头等物联网设备拒绝服务攻击导致的，所以感知层拥有轻量级的安全保护技术显得极其重要。无线传感器网络入侵的一个示例如图 8.25 所示。

图 8.25 无线传感器网络入侵的一个示例

目前 RFID 系统面临的安全风险主要有以下几种。

① 信息泄露：攻击者在终端设备或 RFID 标签使用者不知情的情况下，读取与他们相关的信息（信息隐私泄露）。

② 追踪：攻击者利用 RFID 标签上的固定信息，对 RFID 标签携带者进行跟踪（地点隐私泄露）。

③ 重放攻击：攻击者窃听电子标签的响应信息并将此信息重新传给合法的读写器，以实现对系统的攻击。

④ 克隆攻击：攻击者克隆终端设备，冒名顶替，对系统进行攻击。

⑤ 信息篡改：攻击者将窃听到的信息进行修改之后再将信息传给原本的接收者。

⑥ 中间人攻击：攻击者伪装成合法的读写器获得电子标签的响应信息，并用这一信息伪装成合法的电子标签来响应读写器，这样，在下一轮通信前，攻击者可以获得合法读写器的认证。

生活中，我们常见的此类安全威胁应该是门禁卡复制，现在很多高档小区发放了门禁卡，门禁卡也成了进出大门的"钥匙"，不法分子可以利用门禁卡复制器对其进行复制。

目前使用的门禁卡、ID 卡容易被复制，原因是一些空白卡的生产商没有按照国家标准进行生产。国家标准要求正规厂家生产的每一张 ID 卡都必须写入唯一的物理号，不能重复。但一些非正规厂家生产的白卡根本就没有写入物理号，这些白卡进入市场后，商家就可以随时"复制"写入。

M1 卡［飞利浦下属公司恩智浦出品的 M1 芯片（全称为 NXPMifare1）构成的卡片，常见的有卡式和钥匙扣式］虽然可以加密，但其实早在 2008 年这种加密就宣布可以被破解。虽然 M1 卡可以对存储信息进行加密，但复制过程并不需要解密，两张卡之间的信息复制，就像计算机之间用 U 盘复制资料一样，读取和写入都无须破解，复制的卡一样可以使用。

RFID 卡复制如图 8.26 所示。

图 8.26　RFID 卡复制

8.3.3　物联网网络层漏洞

网络层主要涉及移动通信网、Internet、各类专网等，面临的安全问题主要有异构网络互联互通的安全问题、拒绝服务攻击、伪基站攻击。

终端接入网络层的传统接入方式分为有线设备的接入和无线设备的接入。其中，无线设备的接入协议本身是存在安全问题的。例如，Wi-Fi 存在网络资源易被占用、认证机制简单易被主动攻击的问题；蓝牙存在不同设备使用相同密钥，极易被伪装入侵的问题；ZigBee 在未预置共享密钥的节点采用明文方式传输，信息极易被截获。

例如，物联网僵尸网络驱动的 DDoS（分布式拒绝服务）攻击用大量恶意 HTTP 流量攻击目标网站。

目前，大规模的 DDoS 攻击仍然会影响全球的 Web 服务。由于物联网设备中存在各种各样的安全问题，因此，它们成了攻击者首选的攻击面。网络层攻击入侵如图 8.27 所示。

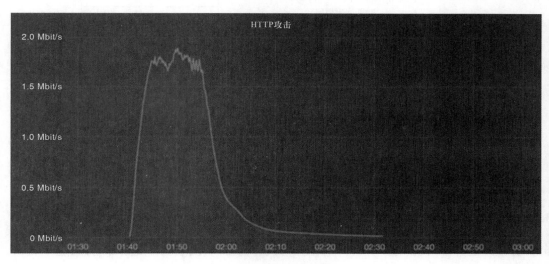

图 8.27　网络层攻击入侵

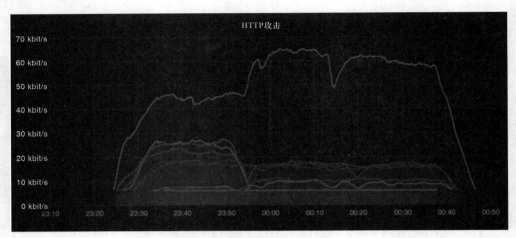

图 8.27 网络层攻击入侵（续）

8.3.4 物联网安全标准

物联网改善了我们的生活，帮助我们实现了生活的快捷化，减少了资源消耗，提高了生产力，并确保了资产安全。许多嵌入式开发人员意识到物联网的潜在好处并积极开发各种应用程序，范围涉及家庭连接设备、可穿戴设备和家庭安全系统等。然而，物联网的风险与收益并存。没有人希望设计的应用程序容易受到攻击或数据易遭窃取。引人注目的黑客攻击会对品牌形象造成严重影响并使公司失去客户信任，最糟糕的是，它会减缓或永久性减少人们使用物联网的次数。因此，物联网系统的安全性就显得尤为重要了。物联网系统各层面临的安全隐患如图 8.28 所示。

图 8.28 物联网系统各层面临的安全隐患

物联网系统的设计应包括以下类型的安全。

① 硬件安全：安全的物联网设备具有许多安全特性。首先，它使用对称密码来执行安全启动和安全引导加载或更新固件。安全的物联网设备还使用硬件加密加速器，它们更快、更节能，并且更不易受到边信道的分析攻击。在安全的物联网设备中，调试端口是禁用的。

如果在某些时候调试端口需要被重新打开（如需要远程存储器存取或由于其他原因），就要通过一个使用公开密钥认证的认证质询响应方案来实现。虽然安全启动和引导加载可防止攻击者修改程序的存储器，但安全的物联网设备能够进一步限制对于程序存储器的访问读取。这通常意味着设备具有内部存储器或内置闪存。在使用外部存储器的情况下，这也意味着外部存储器的内容需要被签名和加密。

② 软件安全：为了确保在物联网设备上运行的软件的安全性能进一步被加强，我们必须在它的关键部分对其进行硬件化。这意味着通过硬件化技术手段可以阻止程序在受到干扰的时候跳过单条指令。例如，安全启动签名检查或密码签名检查。这种方法可确保即使攻击者能够使处理器跳过一条指令，也不会造成关键性的安全后果。此外，为了避免代码中的安全问题或第三方库引起系统范围的存取，我们需要分区管理不同的库。

③ 通信安全：大多数集成电路（IC）均与其他 IC、物联网设备、网关和 / 或云端通信，我们有必要保护这些通信信道。当与其他 IC 通信时，这意味着数据通道要启用加密和身份验证以确保通信数据的完整性和机密性。当与其他物联网设备通信时，连接终端通常使用诸如 ZigBee、低功耗蓝牙等通信协议。大多数协议中有安全选项，重要的是要打开这些安全选项。一个重要的考虑因素是设备部署，一旦在通信设备之间采用了安全措施，那么安全的数据传输就显而易见了。然而，分发密钥并不是直接的，对于无线设备而言，这通常涉及设备加入无线网络的部署步骤。

④ 应用层安全：应用层可能位于设备上或云服务中，或两者皆有。在许多应用中，我们通常需要在应用层进行密码保护。安全的物联网设备强制用户更改密码，并将常用的密码列入黑名单。如果可能，设备甚至可以实施双重身份验证。

⑤ 系统安全：从系统的角度来看，一些看似无害的子系统也可能会增加整个系统的不安全性。因此，为了构建安全的物联网系统，每个子系统内部都有一些关于实现安全性的假设。每个子系统的安全性应当是独立的或在最小限度上依赖于其他子系统的安全性。物联网系统安全加密模式如图 8.29 所示。

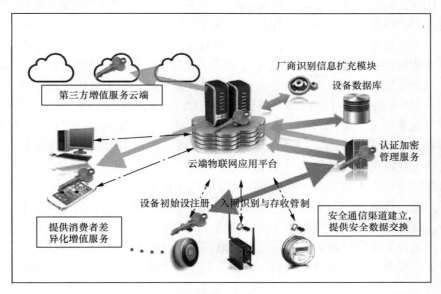

图 8.29　物联网系统安全加密模式

8.4 物联网岗位职能介绍

8.4.1 物联网行业潜力

如今在我们身边，其实已经能够找到许多物联网的设备，如车联网，车主不仅可以随时定位自己的车辆，更可以在停车时，主动找寻空余的车位，协助停车；又如家庭中的智能家居，我们还未下班之时，便可以通过互联网远程控制自己家的电饭煲开始蒸煮，控制空调开启，甚至可以通过设定程序根据植被的实际情况来进行浇灌。

十几年来，在芯片集成、无线通信、云平台等技术的不断发展下，物联网已经步入新的阶段。而这些发展背后有诸多推动因素，包括计算机算力增长、工业物联网的需求、城市精细化管理、人工智能的推动、环境感知的需求等。

从技术角度来看，现在的物联网跟十几年前的物联网相比有很大的进步，归纳起来有4点。

第一，物联网重要组成单元 RFID 芯片得到了长足的进步和发展，以前是简单的 RFID 芯片，现在则大规模集成，芯片的性能大大提高了，芯片的超低功耗和超长的待机性能可以实现。随着集成度的提高，芯片价格也大幅下降，现在一个基于 ARM 的芯片的价格与十几年前相比下降很多，所以芯片成本和集成度的改善，包括功耗的极大降低，为物联网发展提供了技术的载体。

第二，物联网另外一个重要组成单元——传感器的相关技术的快速更新，特别是MEMS（微结传感器）技术的快速发展，带动了物联网感知层新的革命。未来，物联网—人工智能和智能制造规模化发展将指日可待。无论是哪个领域，传感器作为感知层重要组成部分都会发挥不可替代的作用。当传感器达到一定数量规模时，MEMS 技术就会凸显出优越性，MEMS 的低成本批量化、可大规模生产等特点，将在未来的物联网世界中发挥重要的作用，为物联网感知层的全面普及提供强有力的技术支持。

第三，无线技术的突破，窄带高容量无线通信和密集部署网络，包括远距离通信技术的突破，为物联网的发展铺平道路。十几年前大家还不知道 4G 是什么的时候，物联网也不可能有多少价值，但现在无线网络已实现全部覆盖，物联网也会相应地飞速发展。

第四，一些通用的、可更快部署的云平台出现了，包括树根互联、航天云网等平台，腾讯和华为也推出了类似的云平台。从物联网基础端的芯片和 MCU 来看，基于 ARM 架构的处理器基本上涵盖了 90% 以上的物联网计算模块，包括通信技术的标准化，这让整个物联网的搭建变得更加容易。

从物联网应用需求端来看，物联网未来会有巨大的发展空间。

第一，随着计算机算力的增长，现在很多的处理器、服务器、云，实际上已经有一些功能冗余，其需要更多的应用场景，物联网的广泛性刚好补充这个空缺。

第二，来自工业物联网的需求，工业物联网的一个阶段性目标是要满足工厂数字化的要求，即工厂要求把人、设备、物料、能源、环境全都实现数字化，这会带来质量和效率的提升。

第三，城市精细化管理的要求。城市精细化管理是目前城市发展的一个重要方向，对整个城市的安全，卫生，公共设施的管理有极大的推动作用。

第四，人工智能的发展。人工智能最大的障碍实际是样本数据量，人工智能在工业上落地应用比较困难，因为工业上的残次品非常少，比如生产一万件产品，残次品可能只有万分之一，这些残次品对于人工智能来讲是非常有价值的。如果我们希望通过人工智能来解决残次品的问题，就只有在出现一些瑕疵问题的时候才能够训练人工智能，因此人工智能在工业上的落地相对困难。目前，人工智能在工业上的应用，大部分还仅仅局限于视觉引导等方面。

第五，环境感知的需要。环境的感知也是对物联网需求的拉动，比如智能家居、智慧医疗等应用，就离不开各种各样的传感器和物联网连接。

目前，在一些具有前瞻性的企业、高校、科研院所共同努力下，中国基本形成了芯片、元器件、设备、软件、电器运营、物联网服务等较为完善的物联网产业链。基于移动通信网络到机器的部署，一批实力较强的物联网领军企业出现了，一批共性技术研发、检验检测、投融资、标识解析、成果转化、人才培训、信息服务等公共服务平台初步建成。

未来物联网行业必将成为吸引科技人才的一个重要领域。

8.4.2　物联网岗位职责及技能要求

随着物联网的快速普及，传感器开发工程师、车联网销售、物联网博士后、RFID 硬件工程师、物联网硬件工程师、RFID 网络销售工程师等颇为"新鲜"的岗位名称开始频繁出现在人才市场的招聘信息板上，引发众多求职者的关注和咨询。物联网的发展带动了整个电子行业的进步，催生了很多新兴的相关专业，同时，也带来了更多新兴的工作岗位。

据预测，2020 年我国物联网产业规模将突破 1.5 万亿元。产业蓬勃兴起，但人才短缺的状况没有好转。未来几年，智能领域的人才需求量在 20 万人以上。全国开设物联网专业的院校有 1 000 多所，每年毕业生规模不足 10 万人，供不应求态势很明显。

总之，目前物联网行业正处于大发展的阶段，物联网行业的岗位也是未来大学生求职的重点方向。下面我们对一些关键岗位的岗位职责和需要的技能做一个大概的分析。

1. 常见感知层岗位及职业能力

（1）无线数据通信工程师

岗位职责：

① 利用 315MHz、433MHz、2.4GHz 进行无线数据通信；

② 采集发射端信息并发送到接收端；

③ 利用单片机控制数据的发送和接收，处理采集的信息。

职业能力：

① 熟练使用 C 语言编程；

② 熟练掌握单片机编程技术；

③ 看懂电路图，甚至设计电路图和 PCB；

④ 掌握传感器技术、控制技术；

⑤ 掌握加密、解密技术，常用算法技术；

⑥ 熟悉常用仪表的使用方法。

（2）ZigBee 技术开发工程师

岗位职责：

① 利用 ZigBee 组网技术进行无线数据通信；

② 终端节点或路由器采集信息给协调器；

③ 利用单片机对协调器收集的数据进行处理。

职业能力：

① 熟练使用 C 语言编程；

② 熟练掌握 ZigBee 组网技术；

③ 熟练掌握单片机编程技术；

④ 看懂电路图，甚至设计电路图和 PCB；

⑤ 掌握传感器技术、控制技术；

⑥ 熟悉常用仪表的使用方法。

（3）蓝牙、Wi-Fi 技术开发工程师

岗位职责：

① 利用蓝牙或 Wi-Fi 技术进行无线数据通信；

② 开发与蓝牙或 Wi-Fi 相关的嵌入式设备。

职业能力：

① 熟练使用 C 语言编程；

② 熟练掌握蓝牙技术、Wi-Fi 技术；

③ 熟练掌握嵌入式软硬件技术；

④ 看懂电路图，甚至设计电路图和 PCB；

⑤ 掌握传感器技术、控制技术；

⑥ 熟悉常用仪表的使用方法。

具体来说，感知层职业能力要求如下：

① 熟练使用 C 语言编程；

② 掌握 ZigBee 技术、蓝牙技术、Wi-Fi 技术；

③ 掌握嵌入式软硬件技术；

④ 看懂电路图，甚至设计电路图和 PCB；

⑤ 掌握传感器技术、控制技术；

⑥ 熟悉常用仪表的使用方法。

2. 常见物联网传输层岗位及职业能力分析

（1）物联网嵌入式工程师

岗位职责：

① 能运用无线通信技术，如 ZigBee、蓝牙、Wi-Fi 等技术开发无线系统；

② 设计嵌入式系统，搭建物联网平台；

③ 负责信息的网络传输；

④ 能对终端节点信息进行数据采集；

⑤ 利用单片机处理协调器收集的数据。

职业能力：

① 熟练使用 C 语言编程；

② 熟悉 Linux 操作系统及应用程序的编写；

③ 熟悉 ZigBee、蓝牙、Wi–Fi 技术；

④ 看懂电路图，甚至设计电路图和 PCB；

⑤ 熟悉传感器技术、控制技术；

⑥ 熟悉 TCP/IP 等网络通信协议。

（2）单片机工程师

岗位职责：

① 能运用无线通信技术，如 ZigBee、蓝牙、Wi–Fi 等进行无线系统开发；

② 设计单片机控制系统，搭建物联网平台；

③ 负责信息的网络传输；

④ 能对终端节点信息进行数据采集；

⑤ 利用单片机处理协调器收集的数据。

职业能力：

① 熟练使用 C 语言编程；

② 熟悉 51 单片机 /SMT32 编程技术；

③ 熟悉 ZigBee、蓝牙、Wi–Fi 技术；

④ 看懂电路图，甚至设计电路图和 PCB；

⑤ 熟悉传感器技术、控制技术；

⑥ 熟悉 TCP/IP 等网络通信协议。

（3）网络工程师

岗位职责：

① 负责系统网络拓扑图的建立和完善，并做好系统路由的解析和资料的整理；

② 负责网络间的设备连接及网络共享，并负责网络间设备的安全性的设置；

③ 负责分析网络障碍，及时处理和解决网络中出现的问题；

④ 利用网络测试分析仪，定期对现有的网络进行优化。

职业能力：

① 熟悉网络操作系统的基础知识；

② 熟悉数据通信的基础知识；

③ 熟悉系统安全和数据安全的基础知识；

④ 掌握计算机网络体系结构和网络协议的基本原理；

⑤ 掌握 TCP/IP 网络的联网方式和网络应用服务技术；

⑥ 掌握网络管理的基本原理和操作方法；

⑦ 熟悉网络系统的性能测试和优化技术，以及可靠性设计技术。

具体来说，物联网传输层岗位的职业能力要求如下：

① 熟练掌握 TCP/IP 等常用网络通信技术；

② 熟悉掌握底层无线数据通信技术；

③ 熟悉嵌入式软硬件技术、单片机技术；

④ 看懂电路图，甚至设计电路图和 PCB；

⑤ 熟悉传感器技术、控制技术；

⑥ 熟悉常用仪表的使用方法。

3. 常见物联网应用层岗位及职业能力分析

（1）嵌入式应用程序开发工程师

岗位职责：

① 按产品及项目需要，编写嵌入式系统下的各种应用程序；

② 编写软件开发文档；

③ 与嵌入式硬件开发人员一起完成软硬件的调试；

④ 与嵌入式底层驱动工程师一起完成驱动程序的调试。

职业能力：

① 能够熟练用嵌入式系统的软件调试工具、软件编译工具对应用程序在操作系统中进行编译、调试和跟踪；

② 精通 ARM 及 TRACE 调试工具，能独立完成基于 ARM/TRACE 的交叉调试；

③ 精通 C 及 ARM 汇编指令集，能编写大型程序；

④ 能够熟练阅读英文资料，有较强的学习能力；

⑤ 对硬件开发有一定了解，能与硬件设计人员讨论；

⑥ 熟悉数据结构，精通代码调试；

⑦ 能够完成单元测试、系统测试、回归测试的编写和实施；

⑧ 有 RTOS、GUI、内存管理等相关经验。

（2）Java 开发工程师

岗位职责：

① 完成软件的设计、开发、测试、修改 bug 等工作；

② 进行业务需求的沟通，功能模块的详细设计，以及业务功能的实现与单元测试和系统维护；

③ 参与产品构思和架构设计；

④ 撰写相关的技术文档；

⑤ 支持售前技术服务；

⑥ 支持项目对产品的应用服务。

职业能力：

① 有一定的软件分析设计能力；

② 熟悉 Java、Servlet、JSP、EJB 等开发技术；

③ 熟练使用 Eclipse 或 jbuilder 等 Java 开发工具；

④ 熟悉 Java+STRUTS 体系结构和开发工具；

⑤ 熟悉数据库的开发和设计过程。

（3）Android 开发工程师

岗位职责：

① 完成软件的设计、开发、测试、修改 bug 等工作；

② 进行业务需求的沟通、功能模块的详细设计，以及业务功能的实现与单元测试和

系统维护；

　　③ 参与产品构思和架构设计；

　　④ 撰写相关的技术文档；

　　⑤ 支持售前技术服务；

　　⑥ 支持项目对产品的应用服务。

　　职业能力：

　　① 熟悉 C++ 和 Java 语言基础；

　　② 熟悉 Android 开发技术，包括 UI、网络等方面；

　　③ 熟悉 Android 开发工具和相关开发测试工具的使用；

　　④ 从事 Android 智能终端界面及手机应用的开发，参与 UI 架构设计、分析与维护，代码编写、单元测试；

　　⑤ 具备扎实的 Java 基础，熟练掌握相关技术及代码优化技巧（容量、内存、速度），熟悉 Eclipse 开发环境；

　　⑥ 熟悉 Android 开发架构、网络数据传输、本地数据存储（SQLite 数据库），以及 UI 框架部分。

　　具体来说，物联网应用层岗位的职业能力要求如下：

　　① 熟练掌握 C++、Java 技术；

　　② 熟悉掌握 UI、网络开发技术；

　　③ 熟悉数据库开发技术。

　　自从国家 2009 年提出物联网发展计划以来，物联网在工业监控、城市管理、智能家居、智能交通等多个领域逐渐发展壮大，成为继通信网之后的另一个万亿元级市场。物联网产业的迅速发展，使相关产业人才备受关注。物联网应用技术毕业生可在各类物联网企业和 IT 企业从事物联网方案设计、物联网方案系统集成、物联网系统售前技术支持与售后技术服务、物联网技术应用实施等工作。随着物联网在智慧城市、交通、物流、电网、医疗、工业、农业等方面的广泛应用，物联网人才将处于供不应求的状态。只要我们在物联网领域用心去钻研，未来的我们都会有一个光明的前途！

知识总结

　　1. 单片机系统与嵌入式系统。

　　2. VR 技术、AR 技术、AI 技术。

　　3. 物联网目前遇到的安全威胁模式。

　　4. 物联网工作岗位与技能要求。

思考与练习

　　1. 什么是嵌入式系统？它与单片机系统之间的差异是什么？

　　2. 物联网目前主要的威胁模式有哪些？

　　3. 什么是人工智能技术？

实践活动：调研物联网的安全侵入方式

一、实践目的

1. 了解物联网目前的安全状态。

2. 详细分析物联网入侵的一种方式，研究入侵的漏洞是什么。

二、实践要求

各学员通过调研、搜集网络数据等方式完成实践活动。

三、实践内容

1. 分析一个物联网系统的应用及潜在的安全隐患。

2. 分析物联网系统目前存在的入侵模式的原理。

系统名称：

功能：

主要用途：

潜在的漏洞：

目前的入侵模式：

3. 分组讨论：分析目前物联网系统面临的主要安全隐患有哪些，针对漏洞提出自己的解决方案。

参考文献

[1] 余来文，林晓伟，封智勇，等.互联网思维2.0：物联网、云计算、大数据[M].北京：经济管理出版社，2017：30-67.

[2] 黄东军.物联网技术导论：第2版[M].北京：电子工业出版社，2017：40-86.

[3] 张凯，张雯婷.物联网导论[M].北京：清华大学出版社，2012：20-80.

[4] 桂小林.物联网技术导论[M].北京：清华大学出版社，2012：60-79.

[5] 李道亮.农业物联网导论[M].北京：科学出版社，2012：45-76.

[6] 刘云浩.物联网导论[M].北京：科学出版社，2010：40-47.

[7] 韦鹏程，石熙，邹晓兵，等.物联网导论[M].北京：清华大学出版社，2017：60-89.

[8] 杨奎武，郑康锋，张冬梅，等.物联网安全理论与技术[M].北京：电子工业出版社，2017：34-67.

[9] 国际电工委员会.IoT 2020：智能安全的物联网平台（中英文版）[M].国家电网公司国际合作部，全球能源互联网研究院有限公司，南瑞集团公司，等，译.北京：中国电力出版社，2017：40-70.

[10] 张晖.物联网技术标准概述[M].北京：电子工业出版社，2012：78-90.

[11] 周洪波.物联网：技术、应用、标准和商业模式[M].北京：电子工业出版社，2011：100-106.

[12] SCHULZ G.云和虚拟数据存储网络[M].李洪涛，席峰，顾陈，等，译.北京：国防工业出版社，2017：120-125.

[13] 刘洋.云存储技术：分析与实践[M].北京：经济管理出版社，2017：65-77.

[14] WHITE T.Hadoop权威指南：大数据的存储与分析[M].王海，华东，刘喻，等，译.北京：清华大学出版社，2017：43-69.

[15] MANOOCHEHRI M.寻路大数据：海量数据与大规模分析[M].戴志伟，许杨毅，鄢博，等，译.北京：电子工业出版社，2014：45,79,81.

[16] 王达.深入理解计算机网络[M].北京：中国水利水电出版社，2017：46-88.

[17] KUROSE J F，ROSS K W.计算机网络：自顶向下方法[M].陈鸣，译.北京：机械工业出版社，2014：140-151.

[18] 李冠楠. 计算机网络安全理论与实践[M]. 长春：吉林大学出版社，2017：90–110.

[19] CHABANNE H. URIEN P, SUSINI, J F. RFID与物联网[M]. 宋廷强，译. 北京：清华大学出版社，2016：67–83.

[20] 邓小莺，汪勇，何业军. 无源RFID电子标签天线理论与工程[M]. 北京：清华大学出版社，2016：75–83.

[21] LAHEURTE J M, RIPOLL C, PARET D, et al. UHF RFID在识别与追踪中的应用[M]. 谢志军，叶宏武，汤棋，等，译. 北京：机械工业出版社，2017：44–60.

[22] 单承赣，单玉峰，姚磊，等. 射频识别（RFID）原理与应用：第2版[M]. 北京：电子工业出版社，2015：32–60.

[23] KARVINEN T, KARVINEN K, VALTOKARI V. 传感器实战全攻略：41个创客喜爱的Arduino与RaspberryPi制作项目[M]. 北京：人民邮电出版社，2016：99–110.

[24] 吴建平. 传感器原理及应用：第3版[M]. 北京：机械工业出版社，2016：44–80.

[25] 张青春，纪剑祥. 传感器与自动检测技术[M]. 北京：机械工业出版社，2018：23–30.

[26] 许毅，陈立家，甘浪雄，等. 无线传感器网络技术原理及应用[M]. 北京：清华大学出版社，2015：120–124.

[27] 刘伟荣，何云. 物联网与无线传感器网络[M]. 北京：电子工业出版社，2013：100–120.

[28] 董健. 物联网与短距离无线通信技术：第2版[M]. 北京：电子工业出版社，2016：34–76.

[29] 柴远波，赵春雨. 短距离无线通信技术及应用[M]. 北京：电子工业出版社，2015：87–104.

[30] RUSSELL S J, NORVIG P. 人工智能：一种现代的方法[M]. 殷建平，祝恩，刘越，等，译. 第3版. 北京：清华大学出版社，2013：56–67.

[31] 秦志强. 初识人工智能[M]. 北京：电子工业出版社，2018：160–167.

[32] 刘平. 自动识别技术概论[M]. 北京：清华大学出版社，2013：6–15.

[33] 张铎. 生物识别技术基础[M]. 武汉：武汉大学出版社，2009：30–47.

[34] 杨高科. 图像处理、分析与机器视觉[M]. 北京：清华大学出版社，2018：140–151.

[35] 柳杨. 数字图像物体识别理论详解与实战[M]. 北京：北京邮电大学出版社，2018：67–89.

[36] 田启川. 虹膜识别[M]. 北京：清华大学出版社，2017：70–80.

[37] 严勤，吕勇. 语音信号处理与识别[M]. 北京：国防工业出版社，2015：56–73.

[38] 刘幺和，宋庭新. 语音识别与控制应用技术[M]. 北京：科学出版社，2008：102–110.

[39] 杨众杰. 物联网应用与发展研究[M]. 北京：中国纺织出版社，2018：38–56.

[40] 张伦. Android物联网应用开发[M]. 北京：中国财富出版社，2017：70–90.

[41] 杨正洪. 智慧城市：大数据、物联网和云计算之应用[M]. 北京：清华大学出版社，2014：130–140.

[42] 郑静. 物联网+智能家居：移动互联技术应用[M]. 北京：化学工业出版社，2017：98–102.

[43] 廖建尚. 物联网开发与应用：基于ZigBee、SimpliciTI、低功率蓝牙、Wi-Fi[M]. 北京：电子工业出版社，2017：67–90.

[44] 陈海滢，刘昭. 物联网应用启示录：行业分析与案例实践[M]. 北京：机械工业出版

社，2011：56–67.

[45] 黄杰勇，林超文. Altium Designer实战攻略与高速PCB设计[M]. 北京：电子工业出版社，2015：12–30.

[46] Dennis Fitzpatrick. 基于OrCAD Capture和PSpice的模拟电路设计与仿真[M]. 张东辉，毛鹏，吴永红，译. 北京：机械工业出版社，2016：66–80.

[47] 陈海宴. 51单片机原理及应用：基于Keil C与Proteus 第2版[M]. 北京：北京航空航天大学出版社，2013：78–90.

[48] VALLATHAI S K. 嵌入式系统设计与开发实践[M]. 陶永才，巴阳，译. 第2版. 北京：清华大学出版社，2017：101–110.

[49] Tammy Noergoard. 嵌入式系统：硬件、软件及软硬件协同[M]. 马志欣，苏锐丹，付少锋，译. 北京：机械工业出版社，2018：78–89.

[50] OSHANA R, KRAELING M. 嵌入式系统软件工程：方法、实用技术及应用[M]. 单波，苏林萍，谢萍，等，译. 北京：清华大学出版社，2016：45–60.

[51] 国家市场监督管理总局，国家标准化管理委员会. 物联网 系统评价指标体系编制通则：GB/T 36468–2018 [S]. 北京：中国标准出版社，2018.

[52] 国家市场监督管理总局，国家标准化管理委员会. 物联网 信息交换和共享 第1部分：总体架构：GB/T 36478.1–2018 [S]. 北京：中国标准出版社，2018.

[53] 国家市场监督管理总局，国家标准化管理委员会. 物联网 信息交换和共享 第2部分：通用技术要求：GB/T 36478.2–2018 [S]. 北京：中国标准出版社，2017.